湿地水环境系统分析及水质净化提升研究
——以南大港湿地为例

李慧婷 著

人民交通出版社

北京

内 容 提 要

本书系统梳理了我国各地滨海湿地水环境现状与成因,并以南大港湿地为例,在分析南大港湿地现状水环境特征及时空演变规律的基础上,揭示了南大港湿地水环境变化的驱动因子,针对性地提出了南大港湿地水环境改善的相关意见与建议。

本书可供从事湿地水环境研究人员和港口、海岸及近海工程专业高校学生学习参考。

图书在版编目(CIP)数据

湿地水环境系统分析及水质净化提升研究:以南大港湿地为例/李慧婷著.—北京:人民交通出版社股份有限公司,2024.3

ISBN 978-7-114-19432-0

Ⅰ.①湿… Ⅱ.①李… Ⅲ.①海滨—沼泽化地—区域水环境—系统分析—中国②海滨—沼泽化地—区域水环境—水质处理—中国 Ⅳ.①P941.78②X143

中国国家版本馆 CIP 数据核字(2024)第 047867 号

书 名:	湿地水环境系统分析及水质净化提升研究——以南大港湿地为例
著 作 者:	李慧婷
责任编辑:	崔　建
责任校对:	赵嫒嫒　魏佳宁
责任印制:	刘高彤
出版发行:	人民交通出版社
地　　址:	(100011)北京市朝阳区安定门外外馆斜街 3 号
网　　址:	http://www.ccpcl.com.cn
销售电话:	(010)59757973
总 经 销:	人民交通出版社发行部
经　　销:	各地新华书店
印　　刷:	北京印匠彩色印刷有限公司
开　　本:	720×960　1/16
印　　张:	6
字　　数:	100 千
版　　次:	2024 年 3 月　第 1 版
印　　次:	2024 年 3 月　第 1 次印刷
书　　号:	ISBN 978-7-114-19432-0
定　　价:	36.00 元

(有印刷、装订质量问题的图书,由本社负责调换)

前　言

　　湿地与海洋和森林并称为三大资源生态系统。滨海湿地位于陆地和海洋的过渡区域，包括盐沼、泥滩、红树林、沼泽等，是在陆地与海洋交互作用下产生的独特、脆弱和敏感的湿地生态系统。滨海湿地对全球生态具有重要意义，既是多种海洋生物的繁殖和育幼栖息地，又是多种迁徙候鸟的中转站。滨海湿地生态系统还直接或间接地为人类提供多种生态服务，在净化水质、调蓄洪水、调节气候、维持生物多样性等方面都起到了非常重要的作用。然而，在过去150年中，由于各种人类活动和气候变化的影响，全球50%的滨海湿地已经被改造、破坏或消失，特别是近几十年来滨海湿地的面积、类型和结构更是发生了显著变化。滨海湿地保护面临的形势亟须引起重视。

　　南大港湿地是目前河北省少有的得到有效保护而没有消亡的滨海浅湖型沼泽化湿地，是我国著名的退海河流淤积型滨海湿地。南大港湿地由草甸、沼泽、水体、野生动植物、人工动植物等多种生态要素组成，具有独特的自然景观，并且水草茂盛，孕育了丰富的动植物资源，是多种候鸟南北迁徙的必经之地，也是候鸟东亚—澳大利亚迁徙路线的重要组成部分，具有很高的保护价值。

　　然而，在气候变化、环境污染、上游水利工程建设和河流径流量减少等自然和人为因素的共同作用下，南大港滨海湿地面积不断缩减，水资源短缺、水质恶化、湿地生态系统退化、水力和生态联系阻隔等生态环境问题日益凸显，给南大港湿地生态安全保障带来较大压力。

　　本书针对我国滨海湿地日趋突出的水环境治理问题，系统梳理了我国各地滨海湿地水环境现状与成因，并以南大港湿地为例，在分析南大港湿地现状水环境特征及时空演变规律的基础上，揭示了南大港湿地水环境变化的驱动因子,针对性地提出了南大港湿地水环境改善的相关意见与建议。该相关研究可以为持续推进我国滨海湿地生态环境治理和保护提供技术支撑,为滨海湿地的水生态环境评估提供重要的理论参考,对维护和改善滨海湿地的生态环境具有一定的理论价值和现实意义。

  本书在编写过程中得到了南大港湿地管理局各位领导的帮助和支持,借此机会,表示诚挚的谢意!作者在撰写本书的过程中参考和引用了大量国内外专家和学者的研究成果,在此向他们表示感谢!

  由于滨海湿地水环境系统的复杂性和编者经验不足且能力有限,书中如有疏漏和不尽完善之处,敬请各位读者和专家批评指正。

作 者
2023 年 9 月

目 录

第1章 湿地特征与分类 ·········· 1
- 1.1 湿地的概念 ·········· 1
- 1.2 湿地的分类 ·········· 3
- 1.3 湿地的功能 ·········· 7

第2章 我国滨海湿地 ·········· 12
- 2.1 滨海湿地的概念 ·········· 12
- 2.2 滨海湿地的类型 ·········· 12
- 2.3 滨海湿地的功能 ·········· 17
- 2.4 我国滨海湿地的分布 ·········· 18

第3章 我国滨海湿地水环境现状 ·········· 20
- 3.1 我国湿地水环境质量现状调查与水质达标评价 ·········· 20
- 3.2 辽宁省滨海湿地环境现状分析 ·········· 28
- 3.3 天津市滨海湿地环境现状 ·········· 31
- 3.4 山东省滨海湿地环境现状分析 ·········· 33
- 3.5 江苏省滨海湿地环境现状分析 ·········· 35
- 3.6 浙江省滨海湿地环境现状分析 ·········· 37
- 3.7 广东省滨海湿地环境现状分析 ·········· 40
- 3.8 广西壮族自治区滨海湿地环境现状分析 ·········· 43

第4章 南大港湿地概况 ·········· 46
- 4.1 南大港湿地自然概况 ·········· 47
- 4.2 南大港湿地经济和社会概况 ·········· 50
- 4.3 南大港湿地气候和水文环境 ·········· 51
- 4.4 南大港湿地水环境现状 ·········· 54

第5章 南大港湿地水环境评估分析 ·········· 57
- 5.1 南大港湿地类型及面积 ·········· 57
- 5.2 南大港湿地面积演变分析 ·········· 58
- 5.3 南大港湿地退化与关联因子分析 ·········· 59
- 5.4 南大港湿地水环境质量评价与分析 ·········· 63

5.5 南大港湿地水环境问题诊断 …………………………………………… 67
第6章 南大港湿地水环境管理建议与对策 ………………………………… 69
6.1 南大港湿地短期内水环境改善提升的难点分析 …………………… 69
6.2 我国现行水环境质量标准体系在南大港湿地的适用性分析 ………… 71
6.3 建议与对策 …………………………………………………………… 81
参考文献 ……………………………………………………………………… 85

第 1 章 湿地特征与分类

1.1 湿地的概念

近一个世纪以来,国内外许多学者先后从不同的角度、不同的研究目的、不同的研究手段以及不同的国情,给湿地确定了不同的定义,这主要是由于湿地环境的过渡性、生物群落的相兼性和所处自然条件的复杂性,湿地边界的划分有时非常困难,这使湿地学这门科学尽管已有多年的研究历史,在人类社会和环境保护中得到广泛应用,但自身却还没有一个全面揭示湿地学固有内涵,为国际学术界和管理保护部门公认的定义。

1.1.1 狭义的湿地概念

1956 年,美国鱼类与野生动物管理局最早提出了湿地的概念,并认为湿地是指"湿地浅或断流的低地一般包括草本沼泽、灌木沼泽、苔藓泥炭沼泽、湿地草甸、沼泽、浅沼泽和生长在河流、浅湖或浅水体的洪泛区滨水植物,但河流、水库、深湖等稳定水体不包括在内,因为没有这一临时用水,湿地土壤植被的发展几乎没有影响"。

1979 年,该组织更新了湿地的定义,将其重新定义为:"湿地是处于陆地生态系统和水生生态系统之间的过渡带,其地下水位通常达到或接近地表,或处于浅水淹覆状态"。湿地至少具有以下一个或多个属性:①地面上水生植物优势种周期性生长;②土壤以透水性不良土质为主;③长期或生长季被浅水覆盖。这一概念突出了湿地作为陆地生态系统与水生生态系统过渡地带的特点,也是被多数学者所认可的湿地定义,更是美国湿地分类和综合分类原则的重要依据。

1995 年,美国农业部则将湿地定义为一种水基土壤,常被地表水或地下水淹没或处于饱和状态,生长出适应这种饱和土壤环境的典型水生植被。

加拿大研究人员则认为,湿地是被水淹没或地下水位接近地表,或土壤含水饱和时间足够长,从而促进湿地和水成过程,并以水成土壤水生植被和适应潮湿环境的生物活动为标志的土地。也有学者将湿地定义为"土壤过湿、地表积水,但小于2m、土壤为泥炭土或潜育化沼泽土,并生长水生植物的"一种土地类型,或湿地是"一块长期被水饱和的土地,有助于吸湿或水生的过程。其特点是排水土壤贫瘠,水生植被和各种适应吸湿环境的生物活动"。

英国学者认为,湿地是受水浸润的地区,具有自由水面,常年或季节性积水。自然湿地的主要控制因子是气候、地质、地貌条件,人工湿地还有其他控制因子。

日本学者认为,湿地须满足三个特点:一是潮湿;二是较高的地下水水位;三是至少在一年内的某一段时间里,土壤是处于饱水状态的,正是这种饱和状态导致了特色植被的发育。

我国于1995年首先在湿地生态环境保护规划会议中提出,湿地处于陆地和水域的过渡带,水位接近或处于地表面,或有浅层积水,一般以低水位时水深2m处为界,并且具有以下特征:至少周期性的以水生、湿生植物为植物的优势种;底层土主要是湿土;每年的生长季节底层土被淹没4个月以上。随后,在1997年,国家林业局作为湿地的主管部门,对湿地的定义是,天然或人工、长期或临时的沼泽地、泥炭或水域,有静止或流动的淡水、半咸水和咸水。

综上所述,尽管各个国家对湿地有着不同理解和定义,但本质上是从水、独特土壤及植被生物三要素来界定的,即土地被季节性或常年淹没、饱水状态的土壤及湿生或水生植被。随后,一些湿地管理部门发现,狭义的湿地定义在湿地的保护管理上有一些实践上的问题。例如,开阔水域沿岸往往有湿地存在,但狭义湿地并不包含开阔水域,因此不在湿地管理范畴内,但开阔水域内的大量取排水会对湿地生态系统产生影响。

1.1.2 广义的湿地概念

基于狭义湿地的定义存在的问题,《关于特别是作为水禽栖息地的国际重要湿地公约》(简称《湿地公约》)给出了广义的湿地定义。即湿地系指天然或人工、长期或暂时性的沼泽地、泥炭地,带有静止或流动的淡水、半咸水或咸水的水域地带,包括低潮位不超过6m的滨岸海域。《湿地公约》第2条的第1款又补充规定,湿地的边界"可包括与湿地相邻的河岸和海岸地区,以及位于湿地内的岛屿或低潮时水深超过6m海体"。

《湿地公约》对湿地的定义包括的范围非常广泛,它几乎包括了全部的陆地水体及其与陆地生态系统相接的过渡地带,还包括了近海海域的浅海区。它不是湿地的科学定义,未揭示出湿地的科学含义,但它具有明确的边界和范围,更有利于湿地管理者划定管理边界,开展管理工作。

1.2 湿地的分类

1.2.1 《湿地公约》中的湿地分类

《湿地公约》按照湿地的海、陆、人类活动作用形式的不同,将湿地分为咸水、淡水及人工湿地三大类,其下又再分为2级、3级、4级单位,共有36个4级单位(表1-1)。分别按照地貌类型和湿地作用过程,将湿地划分为浅海、河口、潟湖、湖泊、沼泽和各种人工湿地型;湿地亚型则根据潮汐高低、积水的稳定性划分;湿地体则是湿地亚型的具体划分。

《湿地公约》中的湿地分类　　　　　表1-1

1级	2级	3级	4级
咸水湿地	浅海	潮下带	低潮时水深不足6m的永久性无植物生长的浅水水域,包括海峡和海湾潮下
			水生植被层,包括各种海草和热带海洋草甸
			珊瑚礁
		潮间带	多岩石的海滩,包括礁崖和岩滩
			碎石海滩
			无植被的泥沙和盐碱滩
			有植被的沉积滩,包括红树林
	河口湿地	潮下带	永久性水域和三角洲系统
		潮间带	具有稀疏植被的泥、沙土和盐碱滩
		潟湖	沼泽:盐碱、潮汐半盐水和淡水沼泽林
			森林沼泽:红树林、Nipa棕榈林和潮汐淡水沼泽林
			半咸水至咸水湖,由一个或数个狭窄水道与海相通
		盐湖(内陆)	永久性或季节性盐水、咸水湖、泥滩和沼泽林
淡水湿地	河流湿地	永久性的	河流、溪流、瀑布和三角洲
		暂时性的	河流、溪流和洪泛平原
	湖泊湿地	永久性的	$8hm^2$ 以上的淡水湖和池塘及间歇性淹没的湖滨
		季节性的	淡水湖($8hm^2$)和洪泛平原湖

续上表

1级	2级	3级	4级
淡水湿地	沼泽湿地	无林湿地	永久性无机土壤沼泽,其挺水植物的基部在生长季节大部分时间内浸没在水中
			永久性泥炭沼泽,包括纸莎草和香蒲占优势的热带山地峡谷
			季节性无机土壤沼泽,包括泥沼、贫养泥炭地、沼穴、洪泛草地和苔草地
			泥炭地,包括灌木、苺藓和富养泥炭地
			高山和极地湿地,包括融水浸湿的季节性洪泛草甸
			绿洲和周围有植物的淡水泉
			地热湿地
		木本湿地	疏林/灌木沼泽:无机土壤上以灌木为主的沼泽
			淡水沼泽林:季节性无机土壤洪泛林地
			有林泥炭地:泥滩森林沼泽
人工湿地	淡水/海水养殖	—	池塘
	农用湿地	—	水塘、蓄水池和小型水池
			稻田、水沟/渠
			季节性洪泛耕地
	盐田	—	盐池和蒸发池
	城市和工业湿地	—	废水处理区:沉淀池、氧化塘、处理场
			开采区:采石坑、采矿池和取土坑
	蓄水区	—	水库,具有缓慢的季节性水位变化
			水电坝,具有周期月度的水位变化

1.2.2 Brinson 湿地分类

Brinson 的分类规则主要基于湿地的功能。该方法将湿地的地貌、水文和水动力特征视为湿地的三个同等重要的基本属性。湿地分类的第一步是按这三个特征属性划分相应的湿地功能。根据湿地的地貌位置,可分为河流地貌系统、凹地地貌系统、海岸地貌系统及分布广泛的泥炭湿地四大类。根据湿地供水方式的不同,水文特征可分为降水补给、地表洪水补给及地下水补给三类。根据湿地水流的强度和流向、水动力特性可分为三类:垂直过流、非定向水平流及双向水平流。在每个大组下进一步分类,具体见表1-2。

Brinson 湿地分类系统 表1-2

大类	子类	小类	细分	描述
自然湿地	沼泽湿地	藓类沼泽	—	主要由藓类植物组成的泥炭沼泽,覆盖率为100%
		草本沼泽	—	以草本植物为主,植被覆盖率>30%
		沼泽化草甸	平原地区的沼泽化草甸	—
			高山、高原性质的沼泽化草甸	—
			冻原池塘	—
			融雪形成的临时性水体	—
		灌丛沼泽	—	以灌木为主,植被覆盖率>30%
		森林沼泽	—	主干明显,高6m左右,郁闭度≥0.2的水生植物群落沼泽
		内陆盐沼	—	分布在我国北方干旱半干旱地区,由一年生和多年生盐生植物群落组成,含盐量≥06%,植被覆盖率≥30%
		地热湿地	—	由温泉水提供的沼泽湿地
		淡水泉或绿洲湿地	—	—
	湖泊湿地	永久性淡水湖	—	—
		季节性淡水湖	—	季节性或暂时性泛滥平原湖
		永久性咸水湖	—	常年积水的咸水湖
		季节性咸水湖	—	季节性或暂时性积水的咸水湖
	江河湖泊	永久性河流	河床	—
			河流中面积小于100hm² 的水库	—

续上表

大类	子类	小类	细分	描述
自然湿地	江河湖泊	永久性河流	河流中面积小于100hm²的池塘	—
		季节性或间歇性河流	—	—
		泛洪平原湿地	河流漫滩淹没区	—
			河水泛滥淹没的河流两岸地势平坦地区	—
	滨海湿地	浅水区	—	低潮时水深不大于6m,植被覆盖率小于30%的永久性水域,包括海湾和航道
		潮下带	—	在海洋低潮线以下,植被覆盖率>30%,包括海草层和海草层
		珊瑚礁	—	珊瑚聚集和生长形成的湿地包括珊瑚岛和珊瑚生长的海域
		岩石海岸硬海岸	—	底部基底超过75%,植被覆盖率低于30%,包括岩石海岸岛屿和悬崖
		潮间带沙滩	—	潮间带植被覆盖率小于30%,底质以砂研石为主
		间带淤泥质海滩	—	植被覆盖率小于30%,沉积物以淤泥为主
		潮间带盐沼	—	植被覆盖率>30%的盐沼
		红树林沼泽	—	以红树林群落为主的潮间带沼泽
		沿海咸水湖	—	沿海地区的咸水湖
		沿海淡水湖	—	沿海地区的淡水湖
		河口水域	—	进口段潮汐边界与口外近岸段淡水舌前缘之间的永久水域
	三角洲湿地	—	—	河口地区由沙岛、沙洲、沙口发育而成的低冲积平原

续上表

大类	子类	小类	细分	描述
人工湿地	水塘	—	鱼虾塘	—
	池塘	农业池塘	面积小于8hm²	—
		蓄水池	面积小于8hm²	—
	蓄水区	—	由水库拦河坝堤防组成的蓄水区，一般大于8hm²	—
	灌溉用地	灌溉渠系	—	—
		水田	—	—
	盐田	盐干塘	—	—
		盐矿田	—	—
	农业漫滩	季节性淹没的农业用地	—	—
		集约经营或放牧的草地	—	—
	矿区	积水坑	—	—
		采水池	—	—
	水处理场	废水场	—	—
		处理槽	—	—
		氧化槽	—	—
	地表水输水系统	—	—	—
	地下水输送系统	人工管理和保护的溶洞水系统	—	—

1.3 湿地的功能

湿地的功能是湿地生态过程与生态结构之间发生的相互作用的结果。湿地是人类重要的环境资本之一,也是自然界富有生物多样性和较高生产力的生态系统。它不仅具有巨大的环境调节功能和生态效益,同时具有较高的经济效益和社会效益。

1.3.1 湿地的生态功能

1.3.1.1 调蓄洪水

湿地对区域水文有着重要影响。湿地调节洪峰流量和控制洪水有两个过程。首先,湿地能储存雨季过量的洪水,故被称为"天然蓄水库",其蓄水量可保持在土壤本身重量的 3~9 倍或以上。洪水被储存在土壤内或以表面水的形式保存于湖泊和沼泽中,直接减少下游洪水总量,有效防止洪水造成的破坏。

湿地还可以降低洪峰高度,平衡河流径流。湿地植被可减缓洪水流速,因此避免了所有洪水在同一时间到达下游,有效降低了下游洪峰的水位,并使河溪一年中的水流量比没有湿地时保持更长的时间。而湿地截留的一部分水分则在流动的过程中通过下渗成地下水而被储存起来。

1.3.1.2 补充地下水

湿地作为一种长期存在的有着丰富水资源的自然生态系统,与区域地下水联系密切。湿地的地表水可以作为地下水的补给源,当水从湿地流入地下蓄水系统时,蓄水层的水就得到了补充。从湿地流到蓄水层的水可作为浅层地下水系统的一部分,为周围地区供水,维持水位,或最终流入深层地下水系统,成为长期的水源,还可以抬高地下水水位。

1.3.1.3 净化水质

湿地被誉为"地球之肾",具有减少环境污染的作用。尤其是对氮磷等营养元素以及重金属元素的吸收、转化和滞留有较大贡献,能有效降低其在水体中的浓度。湿地还能通过减缓水流促进颗粒物沉降,从而使颗粒物上附着的有毒物质被水体去除。

湿地的净化功能主要是通过生物净化来实现的。过剩的营养物质和部分污染物质在生物体内累积、富集,转化为生物自身组织,并可以通过收获湿地生物的方式将这些污染物从湿地中去除。此外,土壤对水体中污染物的净化主要是通过离子交换、专性与非专性吸附、螯合作用、沉降反应等实现。

实际上,湿地净化水质的功能是湿地中植物、土壤、微生物甚至动物等组成成分以及众多环境因子综合作用的结果,这些组分之间以及组分与因子之间相互影响、相互促进,也相互制约,共同组成了湿地的强大净化功能。

1.3.1.4 防御海水入侵及海岸线侵蚀

在地势较低的沿海地区,下基层是可渗透的,淡水层一般位于咸水层的上部,并由沿海湿地维持。淡水层的减弱或消失都会导致深层咸水层上移或内侵。淡水水道的外流能限制海水的倒灌,防止海水入侵。但是在旱季时,淡水流量减少,导致海水沿河道逆水而上。湿地植物强大的根系及其堆积的植物对土壤有稳固作用,强壮的海岸湿地植物保留泥沙,保护建筑物、农作物或自然植被免受强风的影响,减少或防止潮水和风暴对海岸的侵蚀,同时粗壮高大的植株可减轻海浪和水流的冲力,且湿地每年的沉积物可提高滩地的高度,阻止海水的入侵。

1.3.1.5 净化空气

湿地自身的水体可以吸收空气中的一些物质,将空气中的某些物质溶解、稀释与消化,从而达到净化空气的效果。例如空气中的二氧化碳、一氧化碳、二氧化硫、一氧化硫等含碳元素与含硫元素遇水后会溶解于水中,湿地巨大的水体与庞大的水量会溶解大量污染气体,起到净化空气的强大作用。此外,湿地可以沉淀、排除、吸收和降解有毒物质,即将空气中的杂质、悬浮物质、可吸入颗粒物吸附、降解。水体中的微生物、植物可以在光合作用等代谢活动中吸收大量二氧化碳,并排出氧气。湿地净化空气的过程主要包括复杂界面的过滤过程和生存于其间的生物多样性群落与其环境间的相互作用过程。该过程既有物理的作用,也有化学与生物的作用。

1.3.1.6 调节区域气候

湿地在调节气候上的功能主要表现在可以降低湿地周围局部小气候与增加空气湿润度。湿地的蒸腾作用可保持当地的湿度和降雨量。湿地有着庞大的生物系统,其中的植物可以吸收空气中的热量,降雨过程中庞大的水量可以被植物吸收、储存输送。大量的降水提供了植被与植物的水分,经过太阳的照射,以蒸腾与蒸发的形式重新回到大气中。

1.3.1.7 碳汇与碳库

湿地系统在温室气体二氧化碳和甲烷平衡关系中发挥着重要的作用。首先,湿地周围聚集的二氧化碳汇,可以利用植物的光合作用将大气中的二氧化碳转化为有机质,待植物死亡后,其残体通过腐殖化作用、泥炭化作用转化为腐殖质和泥炭,以这种形式储存在湿地系统中;其次,存在于土壤中的有机质通过微生物矿化分解作用可以产生二氧化碳,同时微生物在厌氧环境下也可以对有机质进行分解产生甲烷,这两种温室气体都会释放到大气系统中去,因此湿地也可成为温室的气体"源"。湿地系统碳循环、温室气体排放受多方面因素的影响,例如植被类型、地下水位以及气候等都会对其造成不同的影响,因而不同湿地系统的碳循环和温室气体排放是存在一定差异的。另外,在植物进行光合作用过程中,碳的吸收和呼吸作用产生的碳排放有一种平衡关系,温度和水文周期会对这种平衡关系造成一定的影响,从这一方面分析,可知湿地生态系统的源汇是处于一种动态变化过程中的。至于湿地系统究竟是温室气体的源还是温室的气体的汇,主要还是看二氧化碳净汇与甲烷排放之间的平衡关系。

1.3.1.8 保持物种多样性

由于湿地一般发育在陆地系统和水体系统的交界处,一方面具有水生系统的某些性质,如藻类、底栖无脊椎动物、游泳生物、厌氧基质和水的运动;另一方面,湿地也具有维管束植物,其结构与陆地系统相似。湿地具有的巨大食物链及其所支撑的丰富的生物多样性,为众多野生动植物提供了独特的生境。

中国湿地植物具有种类多、生物多样性丰富的特点,包括沼生植物、湿生植物和水生植物等。据第一次全国湿地资源调查,我国湿地高等植物约有 225 科 815 属 2276 种,分别占全国高等植物科、属、种数的 63.7%、25.6% 和 7.7%。我国有湿地兽类 7 目 12 科 31 种、鸟类 12 目 32 科 271 种、爬行动物类 3 目 13 科 122 种、两栖动物类 3 目 11 科 300 种。此外,鱼类、甲壳类、虾类、贝类等脊椎和无脊椎动物种类繁多,资源十分丰富。我国有湿地水鸟 12 目 32 科 271 种,其中属国家重点保护的水鸟有 10 目 18 科 56 种,属国家保护的有益或者有重要经济、科学研究价值的水鸟有 10 目 25 科 195 种。在亚洲 57 种濒危鸟类中,中国湿地内就有 31 种,占 54%;全世界鹤类有 15 种,中国有记录的就有 9 种,占 60%;全世界雁鸭类有 166 种,中国湿地就有 50 种,占 30%。

1.3.2 湿地的经济功能

湿地是具有很高生产力的生产系统,人类可直接从湿地内获取动物、植物和矿产物,如泥炭木材、水果、肉类(如鱼和鸟)、建房和编席用的苇、树脂和药材等。

湿地生态系统物种丰富、水源充沛、肥力和养分充足,有利于水生动植物和水禽等野生生物生长,成为水产品捕捞、人工养殖和培育湿地经济植物的优良场所。湿地还可以提供丰富的工业原料和能源来源,为人类社会的工业经济发展提供包括食盐、天然碱、石膏等多种工业原料,还提供硼、锂等多种稀有金属矿藏以及多种可用于工农业生产加工原料的生物产品。

1.3.3 湿地的社会功能

湿地为人类提供了聚集场所、娱乐场所、科研和教育场所。由于湿地特有的资源优势和环境优势,其周边地区一直是人类居住的理想场所,是人类社会文明和进步的发祥地。湿地具有自然观光、旅游、娱乐等方面的功能。

1.3.3.1 观光与旅游功能

湿地具有自然观光、旅游、娱乐等美学方面的功能,蕴涵着丰富秀丽的自然风光,成为人们观光旅游的好地方。许多湿地幅员辽阔,不受人类干扰、物种稀有、景观独特、生境多样,具有珍贵的休闲、旅游和审美价值。湿地休闲旅游业的发展还可以给地方、区域和国民经济带来直接和间接的效益。

1.3.3.2 教育与科研功能

湿地生态系统、多样的动植物群落、濒危物种等,在科研中都有重要地位,它们为教育和科学研究提供了对象、材料和试验基地。湿地是进行环境监测、试验和控制等科学研究的场所,也是进行长期全球环境趋势研究和示范区的常用场所。一些湿地中保留着过去和现在的生物、地理等方面演化进程的信息,在研究环境演化、古地理方面有着重要价值。

第2章 我国滨海湿地

滨海湿地是具有特定自然条件的复杂生态系统,其生物多样性极其丰富,生产力极高,发挥着诸多独特的重要功能(如改善气候、抵御海洋灾害、控制海岸侵蚀、降解环境污染、提供野生动植物生境等),在维持区域生态平衡方面具有非常重要的意义。

滨海湿地由于自身的特殊地理位置,以其独特的生态学地位,呈现出丰富的生物多样性,产生了巨大的环境、经济和社会效益,供应着重要的物质资源和提供生存生活环境。由于处在海陆交错区,具有极其脆弱的生态敏感性。滨海湿地的发展变化以及生态安全状况直接影响到我国沿海经济的发展和社会的进步。

2.1 滨海湿地的概念

滨海湿地是湿地类型中重要的一种,处于海陆的交错地带。目前,国内外学者对滨海湿地还没有统一的定义。相对权威的表述为:滨海湿地包括陆缘和水缘两部分。陆缘是指含60%以上湿生植物的植被区,水缘为海平面以下6m的近海区域(包括江河流域中自然的或人工的、咸水的或淡水的所有富水区域)。这一定义较科学地表达了我国滨海湿地的特点,它包括滨海地区潮间带的主要湿地地带以及直接与之有密切关系的相邻区域。

2.2 滨海湿地的类型

滨海湿地类型的划分也有许多种。《湿地公约》将滨海湿地分为12种类型。Mitsch 和 Gosselink 在其著作《Wetlands》中将滨海湿地分为潮汐盐沼、滨海淡水沼泽、红树林湿地三类。

中国许多学者都根据自己的研究并结合中国的实际情况提出了各自的分类体系。详见表2-1~表2-5。

陆健健对滨海湿地的分类

表 2-1

大类		分型		亚型	
大类名称	大类界定	分型名称	分型界定	亚型名称	亚型界定
潮下带近海湿地	湿地海平面以下6m至大潮的低潮位之间的区域	基岩质滨海湿地	底质75%以上为岩石、砾石和沙，植被覆被率低于30%	—	—
		淤泥质(河口)滨海湿地	底质75%以上为粉沙，植被覆被率低于30%	—	—
		生物礁滨海湿地	30%以上的区域由固着无脊椎动物(如有孔虫、珊瑚和牡蛎等)集群生活形成的丘状体构成，通常情况下礁中的生物残骸多于活体生物	—	—
		藻床滨海湿地	30%以上的区域长有轮藻、巨藻或其他植物	—	—
潮间带滩涂湿地	大潮低潮位至大潮高潮位之间的区域	滩涂湿地	底质以细沙为主，盐分在0.5%以上，含有一定量的有机质	海草和芦苇潮滩湿地(草本植物潮滩湿地)	70%以上的面积覆被海草或芦苇的区域
				红树林潮滩湿地(灌木潮滩湿地)	70%以上的面积被红树林等覆被的区域
				高盐碱潮滩湿地	盐碱浓度高于一般耐盐植物生长的限度，很少植被覆被的区域

续上表

大类		分型		亚型	
大类名称	大类界定	分型名称	分型界定	亚型名称	亚型界定
潮间带滩涂湿地	大潮低潮位至大潮高潮位之间的区域	泥沙质滩涂湿地	大部分区域长有单细胞海藻、底栖无脊椎动物富集区，但海草、芦苇或红树等高等植物覆被不足30%	—	—
		岩基海岸湿地	以岩石、砾石为底质	—	—
河口沙洲离岛湿地	近海具湿地功能的岛屿和河口由江河泥沙冲积而成的露出或尚未露出水面的沙洲	离岛湿地	70%以上面积被水鸟用作繁殖巢地的小型离岛或离岛的部分区域	—	—
		河口沙洲湿地	正在堆积形成或被冲刷剩余的、大潮时往往被水淹没、尚未被高等植物覆被的河口沙洲	—	—
潮上带淡水湿地	海岸大潮高潮线之上与外流江河流域相连的微咸水和淡浅水湖泊、沼泽和江河河段	—	—	—	—

季中淳对滨海湿地的分类

表2-2

大类	界定	特点	分类
潮上带湿地	高潮线以上至潮区界有湿地分布的陆域	以淡水补给为主，间或也有咸水补给	芦苇沼泽
			水稻沼泽
			盐生草地、草甸湿地
			盐田湿地
			水松沼泽湿地
			落羽松沼泽湿地
潮间带湿地	高潮线至低潮线之间，是涨落潮、咸淡水频繁消长的地区	出现了高、中、低潮区的生态分带现象	底栖硅藻滩涂湿地
			草滩滩涂沼泽
			红树林滩涂沼泽
			海草滩涂沼泽
潮下带湿地	低潮线以下具有湿地内涵的区域范围	底质较黏细、土体饱含水分和富含有机质，以及有一定数量的底栖生物和在剖面中见有潜育现象	海草沼泽
			微型藻类湿地

陈建伟对滨海湿地的分类

表2-3

系	亚系	类	亚类	型
海洋及沿海系湿地	海洋	潮下	水域	海洋水域
			水生	朝下水生层
			礁	珊瑚礁
		潮间	岩石	岩石海岸
			疏松	沙海滩/圆卵石滩
	河口	潮下	水域	河口水域
		潮间	疏松	潮间泥/沙滩
			露出性	盐水沼泽
			林木	红树林
	沿海	—	—	沿海咸淡水/盐水湖(潟湖)
		—	—	沿海淡水湖

赵焕庭对滨海湿地的分类　　　　　　　　　　　　　　　　　　　表 2-4

大类	界定	分类	特点
淤泥质海岸湿地	粉砂和黏土以及部分砂堆积在海岸,并受强盛的潮流作用冲淤而形成的湿地	平原淤泥质海岸湿地	湿地形态单一,堆积地形宽广而平坦
		港湾淤泥质海岸湿地	
砂砾质海岸湿地	由波浪运移粗颗粒沉积物在潮间带堆积而形成的湿地	—	湿地宽度较狭窄,坡度较大,生物极度贫乏
基岩海岸湿地	由陆地基岩延伸至海边构成的湿地	—	地形陡峭,岸线曲折,生物量较多
水下岸坡湿地	低潮面以下潮间带向海延展的基岩或碎屑物和生物礁的堆积形成的湿地	—	水深可超过6m,岸坡宽、浅,海洋生物十分丰富
潟湖湿地	通过潮汐通道与大海沟通,潮流进退,又接纳环湖陆地地表径流而形成的湿地	—	水质从微咸到半咸,潮下带的生物比潮间带丰富
红树林海岸湿地	红树林发育的海岸湿地	—	生态系统独特
珊瑚礁湿地	造礁石珊瑚群体及其死后的遗骸构成的岩体发育的海岸湿地	海滩	生物较少,有鸟类栖息
		礁坪	礁栖生物繁多,有活珊瑚
		向海坡	多洞穴、沟隙,活珊瑚丛生,礁栖生物繁多,鱼类多
		潟湖	湖中有点礁,礁栖生物和活珊瑚繁多,鱼类多

倪晋仁对滨海湿地的分类　　　　　　　　　　　　　　　　　　　表 2-5

族/水文地质特征	亚族/外动力控制因子	组/基底物质结构	类/植被类型	型/浸水时间和深度
海岸带湿地	三角洲湿地	泥滩	灌木海岸	潮下湿地
	口湾潮流湿地	沙滩	附着藻类	潮间带湿地
	平原海岸湿地	潟湖沼泽	挺水植物	风暴潮湿地
	潟湖湿地	砾石滩	水草	—
	红树林湿地	—	红树林	—
	—	—	耐盐碱植物	—

2.3 滨海湿地的功能

由于海岸带是海陆环境交互耦合作用与物质流交互频繁、活跃的复杂地带,兼顾海、陆双重特性,因此其生态系统更加复杂多样,人类从海岸带生态系统中直接或间接获取的惠益,即海岸带生态系统的功能也较一般湿地更为强大和重要,具体表现在以下方面。

2.3.1 更丰富的生产力

与农业生态系统、草地生态系统和森林生态系统相比,滨海盐沼湿地具有更高的生产力。滨海湿地植物群落不仅以其初级生产力支撑海洋动物的物质和能量消耗,同时也以其丰富多样的异质性生境容纳和庇护海洋动物,构成种类繁多的海洋动物的栖息地、饵料场和繁殖地。其中大型底栖动物是滨海湿地生态系统重要的组成部分之一,大型底栖动物取食浮游生物、底栖藻类和有机碎屑,又被更高营养级的海洋动物捕食,其生产力与渔业的产量紧密相关。

2.3.2 更强大的自然灾害抵御能力

越来越多的科学证据表明,由盐沼、红树林、牡蛎礁、浅海珊瑚礁等组成的"有生命的海岸线"能更有效地抵御飓风和洪水等自然灾害所带来的危害。牡蛎礁和珊瑚礁就是天然的防波堤,它们崎岖不平的表面能消解海浪的能量、缓解洪水的威力、减少海岸带侵蚀;而盐沼和红树林群落可以利用它们茂密的根茎系统消解掉风暴潮的能量。

滨海湿地及其植被是抵御台风等自然灾害袭击的天然屏障,滨海湿地及其植被通过降低台风风速、削减浪高、降低台风期间洪水的水位和流速,减少自然灾害造成的损失,发挥重要的灾害防护服务价值。

2.3.3 更庞大的碳库储量

滨海湿地主要通过盐沼草、红树林、海草和其他藻类的光合作用来捕获碳,以生物量和生物沉积的形式储存在底质沉积环境中,属于蓝碳的重要组成部分。滨海湿地蓝碳分为内源碳和外源碳。内源碳的产生和沉积位置相同,如湿地植物通过光合作用从大气或海洋中固定二氧化碳,转移到植物组织中,植被凋落物和植物根系在厌氧的土壤中缓慢分解,进而形成储存在沉积物中的碳。外源碳的产生和沉积位置不同,由于湿地常受到海浪、潮汐和海岸洋流的扰动,能从邻近的生态系统中捕获沉积物和有机质,使之沉积到当地的碳库中。

潮汐往复能够极大减缓滨海湿地积累碳的分解,有机质在沉积物中得以长时间保存,盐沼、红树林和海草床等滨海湿地生态系统中的植物碳可以储存数年至数十年,土壤中的碳甚至可以封存数千年之久,且随着海平面上升,土壤碳不断垂直累积,而不像陆地和淡水生态系统那样会达到饱和。同时,海水中丰富的硫酸根离子限制了微生物 CH_4 的生产和排放,因此,滨海湿地蓝碳生态系统净碳储量高,碳吸收效率高,固碳功能持久稳定。

2.3.4 更丰富的生物多样性

滨海湿地类型的多样性,为生物创造了多样的栖息环境。滨海湿地一般发育在陆地系统和海洋系统的交界处,亦被称之为生态交错区,正是这种交错带具有的特征,导致了滨海湿地是生物多样性极为丰富、生产力极高的区域。由于存在如此丰富的生态类型,使得滨海湿地一方面具有海洋系统的生态环境,为一般海洋生物提供栖息地,如底栖生物、浮游生物、游泳生物等;另一方面,在这里还拥有维管束植物,其结构与陆地系统植物相类似,还有依赖于滨海湿地生存的鸟类。除此之外,滨海湿地中的河口生态区生活着大量的广盐类生物。由此可见,滨海湿地生境的多样性决定了生物多样性。滨海湿地特殊的地理位置及生态学地位造就了丰富的生物多样性以及不可估量的环境、经济和社会效益。

2.4 我国滨海湿地的分布

中国湿地分布广、类型多,《湿地公约》中几乎所有的类型我国都有分布。调查显示,我国湿地面积达 $3848 \times 10^4 hm^2$,是亚洲湿地面积最大的国家,居世界第 4 位,自然湿地约 $3620 \times 10^4 hm^2$,其中滨海湿地面积约为 $594 \times 10^4 hm^2$。

我国滨海湿地总体上以杭州湾为界,分为南北两个部分,见表 2-6。

我国滨海湿地分布情况　　　　　　　　　　表 2-6

序号	省份	滨海湿地面积(km^2)	主要湿地
1	辽宁省	7368	辽河三角洲、大连湾、鸭绿江口、辽东湾
2	河北省	4404	北戴河、滦河口、南大港、昌黎黄金海岸
3	天津市	1813	天津沿海湿地
4	山东省	7285	黄河三角洲及莱州湾、胶州湾、庙岛群岛

续上表

序号	省份	滨海湿地面积(km²)	主要湿地
5	江苏省	4560	盐城滩涂、海州湾
6	上海	2967	崇明东滩、江南滩涂、奉贤滩涂
7	浙江省	7819	杭州湾、乐清湾、象山湾、三门港、南鹿列岛
8	福建省	5756	福清湾、九龙江口、泉州湾、晋江口、三都湾、东山湾
9	广东省	10153	珠江口、湛江港、广海湾、深圳湾、韩江口
10	广西壮族自治区	2987	铁山港和安铺港、钦州湾、北仑河口湿地
11	海南省	2206	东寨港、清澜港、洋浦港、三亚、大洲岛、西沙群岛、中沙群岛、南沙群岛
12	港澳台地区	——	香港米浦和后海湾、台湾淡水河、兰阳溪、大肚溪河口、台南、台东湿地

杭州湾以北的滨海湿地，除山东半岛和辽东半岛的部分地区为基岩性海滩外，多为砂质和淤泥质海滩，由环渤海滨海湿地和江苏滨海湿地组成。其中，环渤海滨海湿地主要由辽河三角洲和黄河三角洲组成，辽河三角洲有集中分布的世界第二大苇田——盘锦苇田。黄河三角洲是中国暖温带保存最完整、面积最大的新生湿地。环渤海湿地还有莱州湾湿地、北大港湿地等，总面积约 $600 \times 10^4 hm^2$。江苏滨海湿地主要由长江三角洲和废黄河三角洲组成，仅海滩面积就达 $55 \times 10^4 hm^2$。主要有盐城、南通、连云港地区的湿地，其中盐城保护区是丹顶鹤越冬的场所，被称为丹顶鹤的第二故乡。

杭州湾以南的滨海湿地以基岩性海滩为主。其主要河口及海湾有钱塘江-杭州湾、晋江口-泉州湾、珠江口河口湾和北部湾等。在河口及海湾的淤泥质海滩上分布有红树林，从海南省至福建省北部沿海滩涂及台湾省西海岸均有分布。在西沙群岛、中沙群岛、南沙群岛及台湾、海南沿海还分布有热带珊瑚礁。

第3章 我国滨海湿地水环境现状

3.1 我国湿地水环境质量现状调查与水质达标评价

表3-1所示为我国重要湿地水环境现状与水质管理目标。从该表可以看出,湿地水质不良,无法达到水功能区划目标水质是我国湿地管理中存在的普遍现象。除少数地处无人区的湿地外,我国天然湿地普遍存在湿地面积锐减、过度开发、污染、生物入侵及生物多样性减少、景观破碎化、湿地功能和效益不断退化、人为干扰强度较大、湿地面积骤减、湿地生态系统退化等问题。具体体现在以下方面。

3.1.1 物理方面

3.1.1.1 湿地无序占用,面积锐减

随着我国城镇化对土地需求量逐年上升,尤其在沿海、河区和湖区,工农业、养殖业、石油、盐业、围垦、填海、城市建筑物等逐步侵蚀湿地,破坏湿地生态环境,导致湿地面积急剧萎缩,功能严重退化,已成为湿地退化的最大威胁。据统计,1978—2008年,中国湿地面积减少了约33%,减少到32.4万km^2(除去水稻田面积);尽管根据2009—2013年全国湿地资源调查的结果显示,至2013年中国湿地面积已达53.6万km^2(含香港、澳门特别行政区和台湾地区的湿地面积1820km^2,不含全国水稻田面积),但仍减少了8.82%,因此我国湿地面积总量控制的任务仍然艰巨。全国因围垦而丧失的湖泊面积达1.3万km^2以上,消亡的天然湖泊近1000个,失去调剂库容325亿m^3以上,每年因此失去淡水蓄积量约350亿m^3;在1950—1980年间,我国淡水湖泊的面积减少了11%;"千湖之省"湖北省的湖泊数量已减少到200多个;长江中下游34%的湿地因围垦而丧失;中国最大的沼泽区三江平原,1995—2005年的10年间,由于人类开垦自然湿地,导致湿地面积减少77%;1973—2013年期间,黄河三角洲湿地总面积呈下降趋势。沿海地区累计丧失海滨滩涂湿地面积50%以上,共计约2万km^2以上。

3.1.1.2 水土流失加剧

我国水土流失面积大,分布广,侵蚀重,成因复杂,不论山区、丘陵区、风沙区还

是农村、城市、沿海地区,都存在不同程度的水土流失问题。目前,全国水土流失总面积357万 km^2,占国土总面积的37.2%,平均每年新增水土流失面积1万 km^2,新增土壤侵蚀量超过45亿t,占全球土壤侵蚀总量的20%;全国荒漠化土地面积达262万 km^2,每年还以5万~7万 km^2 的速度扩展。水土流失是我国农业生态环境恶化的主要特征,已成为我国环境破坏的头号问题,给我国造成的经济损失相当于GDP总量的3.5%,是落后、贫困的根源,全国592个国家级贫困县几乎都分布在水土流失地区。江河湖海的上游水源涵养区、沿岸水土保持区的森林、湿地资源遭到过度砍伐破坏,导致水土流失不断加剧,汇入河道的泥沙量增大,影响江河流域的生态平衡,造成河床、湖底、水库、滨海不断淤积,导致湿地面积缩小、功能衰退的严重后果,黄河就是典型的例子。

3.1.1.3 湿地景观破碎化

景观破碎化是指由于自然或人文因素的干扰导致的景观由简单趋向于复杂的过程,即景观由单一、均质和连续的整体趋向于复杂、异质和不连续的斑块镶嵌体的过程。主要表现为斑块数量增加、面积缩小、斑块形状趋于不规则、内部生境面积缩小、廊道被截断以及斑块彼此隔离等,是导致生物多样性减少和物种濒危的根本原因。目前,景观破碎化已遍及我国湿地、森林、城区、草地、农业、植被等各类景观,我国约70%的天然林、50%以上的湿地已经消失,是世界上景观破碎化比较严重的国家。如三江平原湿地景观趋于破碎化,景观空间分布模式由"大陆-岛屿模式"向"卫星型模式"转变,最后变化为"完全隔离型模式",农业开发是主导因素。简单来说,就是近几十年来三江平原大片连续湿地受人类活动的影响逐渐破碎化,形成大量孤立湿地。2011—2015年期间,崇明东滩自然保护区景观破碎化程度加大,综合研究认为,人为因素是主导景观格局变化的主要因素,且其影响仍在不断加深。1973—2013年期间,黄河三角洲湿地景观破碎化趋势严重。辽河三角洲湿地景观格局呈现破碎化,且具有增强趋势,芦苇沼泽破碎化程度最为显著;莱州湾南岸滨海湿地景观的破碎化严重,人类活动是主要原因;张掖黑河国家级自然保护区湿地逐渐由大面积斑块体连续分布的格局趋于破碎化,耕地开垦是主要原因。景观破碎化改变生态系统结构、影响物质循环、降低生物多样性,引起外来物种的入侵、影响景观的稳定性,还会引起人类社会经济结构的变化。景观过度破碎化最严重的危害就是造成中国北方沙尘暴灾害的迅速蔓延、生物多样性丧失。

3.1.2 化学方面

3.1.2.1 湿地污染严重,功能退化

湿地退化的主要标志是湿地污染,目前许多天然湿地已成为污水承泄区,大量

未经处理的"三废"直接向湿地排放,导致湿地水质和生态环境恶化,生态系统破坏严重,湿地功能逐渐丧失。环境保护部公布的数据显示,2013年上半年中国地表水总体为轻度污染,珠江、长江、松花江、淮河、黄河、辽河、海河七大水系水质总体为中度污染,渤海湾、长江口、杭州湾、闽江口和珠江口5个重要海湾水质极差;水质细菌超标的占75%,受到有机物污染的饮用水人口约1.6亿。湖泊富营养化问题突出,全国2/3以上湖泊受到氮、磷等营养物质的污染,10%的湖泊富营养化程度严重。如滇池水质为劣Ⅴ类,饮用水功能丧失,渔业功能部分丧失;太湖大规模蓝藻水华频繁暴发,被国务院指定重点治理;黄河流域Ⅴ类、劣Ⅴ类水质所占比重居高不下,严重影响供水安全;黄河口滨海湿地水质氮磷污染逐年加剧;长江流域、珠江流域等水系多项水质指标超标严重,许多河流和湖库已经失去饮用水功能;稻田等人工湿地也因化肥、农药的大量使用而受到严重污染。由于水体污染会引发土壤污染、生物体富集污染,因此,水体污染现象成为湿地污染治理的首要问题。

海岸带湿地水质和底质污染主要是由陆源污染物引起。2016年监测的68条河流入海的污染物量排前3位的分别为化学需氧量(COD_{Cr})、总磷、硝酸盐氮,分别达1372万t、18万t和227万t。90%的排污口临近海域的水质不能满足所在海洋功能区水质要求。海岸带污染引起赤潮发生频繁,生物资源质量下降,局部滩涂成为死滩。

3.1.2.2 海岸侵蚀严重,土地盐渍化加剧

海岸侵蚀在中国滨海湿地区是较普遍的问题,也是我国海岸带分布最广的一种灾害地质类型,基于岸线侵蚀的岸线变化的研究得到愈来愈广泛的关注。截至20世纪末,约有70%的沙质海滩和大部分处于开阔水域的泥质潮滩受到侵蚀,而且岸滩侵蚀的范围日益扩大,侵蚀速度有日渐增强的趋势。截至2016年,我国砂质海岸和粉砂淤泥质海岸侵蚀依然严重。海岸线自北向南有辽宁辽西海岸、河北秦皇岛、天津市、山东黄河三角洲、胶州湾和莱州湾南岸等岸线,江苏废黄河口附近、浙江杭州湾、上海浦东、福建厦门和闽江口、广东、广西和海南的岸线等,均存在不同程度的海岸侵蚀。与2015年相比,2016年渤海滨海地区、黄海滨海地区、东海滨海地区和南海滨海地区监测区的部分区域土壤含盐量均有上升,盐渍化不同程度加重。海岸侵蚀导致沿海公路、农田、海岸防护林、防护物损毁,土地盐碱化,进而导致滨海湿地退化、生态环境严重恶化,也给我国造成了不可估量的经济损失。

3.1.3 生物方面

3.1.3.1 湿地生物资源利用过度,生物多样性受损

湿地生物资源过度开发、湿地生境破坏是导致资源衰退、生物多样性受损的重

要原因。湿地资源的过度利用首先体现在对经济效益的过度追逐,典型的就是水产捕捞、养殖业。围水造田、过度捕捞、偷渔、滥捕、集约化养殖对沿海、湖区、河流等湿地生物资源造成难以恢复的破坏。

如长江三鲟、江豚、白鳖豚变稀有,鲟鱼、鳜鱼、银鱼等濒危,长江鱼类中青鱼、草鱼、鲢鱼、鳙鱼、鲤鱼、铜鱼、圆口铜鱼、长吻鮠、瓦氏黄颡鱼、河鲶10种主要经济鱼类的开发均超额度,大量偷渔、滥捕对鱼类资源造成严重破坏,渔获物呈现洄游种类减少、小型化和低龄化趋势;20世纪70年代以后,黄河干流鱼类资源急剧下降,鱼类总体呈现小型化、低龄化的特点,部分种类已呈濒危,如黄河铜鱼、刀鲚;莱州湾渔业资源呈现持续衰退的趋势;洞庭湖、鄱阳湖、长三角、黄三角、珠三角等水域渔业资源退化严重,渤海、黄海、东海和南海渔获量锐减,主要捕捞种类小型化、低龄化、幼鱼比例越来越高,都与过度捕捞密切相关。

其次体现在农业灌溉、工业超量用水上。湿地用水的承载力是有限度的,过量用水、用水浪费和水质污染问题使湿地蓄水量逐年减少,自净能力减弱,对湿地生物的数量、种类及系统稳定性造成影响,最终使湿地面积锐减,生物多样性受损,湿地功能减弱或丧失。

3.1.3.2 生物入侵导致损失严重

生物入侵是指外来种通过自然或人为作用进入新的分布区,扩散、繁殖最终成功定居的现象。但生物入侵具有驱逐效应,能使当地土著种的生存空间萎缩甚至消失,呈现群落区系单一化、结构简单化、生态系统或景观破碎化。即外来生物通过竞争逐渐占据优势,本地种群会逐渐弱势化、濒危或灭绝。人为干扰的竞争失衡易形成群落区系的担忧化倾向,促使湿地生物多样性消失,使生态系统趋向简化,系统内能流和物流中断或不畅,系统自我调控能力减弱,生态系统稳定性和有序性降低。

据统计,我国外来入侵种共529种,其中植物、动物、微生物分别为270种、198种、61种。其中,湿地入侵物种包括空心莲子草(俗称水花生)、凤眼莲(俗称水葫芦)、大米草、互花米草等10种植物,稻水象甲、巴西龟、牛蛙、克氏原螯虾、福寿螺和食人鲳等共计53种动物。凤眼莲、大米草、巴西龟和牛蛙都属于全球100种最具威胁的外来物种。2003年国家环境保护总局曾公布紫茎泽兰、薇甘菊、空心莲子草、豚草、毒麦、互花米草、飞机草、凤眼莲、假高粱、蔗扁蛾、湿地松粉蚧、强大小蠹、美国白蛾、非洲大蜗牛、福寿螺和牛蛙16个危害极大的入侵物种,每年造成直接经济损失为70亿美元,其中很大一部分是由空心莲子草、互花米草、凤眼莲等5种湿地入侵物种造成的。

外来入侵种主要是通过竞争资源、地域排挤、破坏当地生境、与土著种杂交等方式,危及本地物种的生存和繁衍,从而造成本地物种多样性不可弥补的损失。凤眼莲、大米草等属于资源竞争力极强的"双刃剑"物种。凤眼莲原产于南美洲亚马逊河流域,因具有净水与水质监测功能引入国内,如今遍布华北、华东、华中、华南的河湖库塘,布满水面,疯长成灾,严重破坏水生生态系统的结构和功能,导致大量水生动植物死亡,我国每年因凤眼莲造成的经济损失接近100亿元;大米草(包括互花米草)具有耐碱、耐潮汐淹没、繁殖力强及根系发达的特点,出于沿海护堤、减少海岸潮汐侵蚀的目的,由美洲大西洋、墨西哥沿岸引入中国,如今迅速蔓延,掠夺生境和资源,逼死红树林等土著种,令滩涂中的虾、蟹、贝、藻、鱼类等窒息死亡,破坏生态系统,经济损失难以估量。稻水象甲是水稻生产的大敌,严重时甚至造成水稻绝收;牛蛙与土著蛙存在生境重叠,成为部分土著两栖类种群数量下降或灭绝的主要原因之一;巴西龟是世界公认的生态杀手,作为观赏宠物、食用龟引进我国,野外放生后,可存活于各类水体中,巴西龟食用土著龟蛋,与土著龟杂交后代不能繁殖,对土著龟类生存造成致命威胁。即使外来种与本地种杂交后代可以繁殖,但也会"污染"本地种的基因库,从而使本地种的遗传独特性受到侵蚀。生物入侵对遗传多样性的影响也不可小视。据估算,我国每年外来入侵物种所造成的经济损失总计高达2000亿元。

另外,全球变暖、湿地水文和局地气候改变,酸雨的出现、地质灾害的发生,碳蓄积量减少,高效和高毒农药、有机污染物的使用都是严重影响我国湿地健康、导致湿地退化的危险因素,保护湿地已成为当务之急,刻不容缓。

我国重要湿地水环境现状与水质管理目标汇总见表3-1。

我国重要湿地水环境现状与水质管理目标汇总 表3-1

序号	名称	地理位置	湿地类型	湿地面积(万 hm^2)	主要保护目标	水环境质量现状	管理目标	主要超标因子
1	黑龙江扎龙湿地	黑龙江省齐齐哈尔市	永久性弱碱性淡水沼泽湿地	21	丹顶鹤等珍禽及湿地生态系统	劣Ⅴ类	Ⅲ类	COD_{Cr}
2	吉林向海湿地	吉林省通榆县	长期季节性河流洪泛产生的沼泽湿地	10.55	珍稀水禽和稀有植物群落	Ⅳ~Ⅴ类	Ⅲ类	TN、COD_{Cr}
3	青海湖湿地	青海省刚察县、共和县及海晏县交界处	咸水湖泊湿地	49.52	鸟类资源	Ⅱ类	Ⅱ类	—

续上表

序号	名称	地理位置	湿地类型	湿地面积（万 hm^2）	主要保护目标	水环境质量现状	管理目标	主要超标因子
4	鄱阳湖湿地	江西省九江市永修县吴城镇	吞吐型湖泊湿地	391400	珍稀候鸟	Ⅳ类	湖泊Ⅲ类	TN
5	上海崇明东滩自然保护区	上海市崇明岛	河口湿地	24155	迁徙鸟类	Ⅲ类	Ⅲ类	—
6	大丰湿地	江苏盐城市大丰市	滨海湿地	7.8	麋鹿	Ⅴ类	Ⅲ类	NH_3-N、TN、TP
7	达赉湖湿地	内蒙古自治区呼伦贝尔市	湖泊湿地	7.4	珍稀鸟类	Ⅳ~Ⅴ类	Ⅲ类	TN、TP
8	大连斑海豹湿地	辽宁省大连市	滨海湿地	67.2	斑海豹	三类~四类（海水）	二类（海水）	无机氮、活性磷酸盐
9	鄂尔多斯湿地	内蒙古自治区鄂托克旗西部和乌海市	永久性河流湿地	1.48	珍稀濒危鸟类遗鸥	劣Ⅴ类	Ⅲ类	NH_3-N、TN、TP
10	洪河湿地	黑龙江省同江市与抚远市交界处	淡水沼泽湿地	2.18	珍稀鸟类	劣Ⅴ类	Ⅲ类	COD_{Cr}
11	惠东湿地	广东省惠州市	滨海湿地	0.14	海龟及其繁殖地	二类（海水）	一类（海水）	无机氮、活性磷酸盐
12	南洞庭湖湿地	湖南省沅江市	吞吐型湖泊湿地	16.8	野生珍稀濒危鸟类	Ⅳ~Ⅴ类	Ⅱ类	TN、TP
13	长江口中华鲟湿地	上海市崇明县	河口湿地	2.76	中华鲟	Ⅲ类	Ⅲ类	—
14	大兴安岭汗马湿地	内蒙古自治区呼伦贝尔市	森林沼泽	10.73	寒温带明亮针叶林、野生动植物	Ⅱ类	Ⅲ类	

续上表

序号	名称	地理位置	湿地类型	湿地面积（万 hm^2）	主要保护目标	水环境质量现状	管理目标	主要超标因子
15	毕拉河湿地	内蒙古自治区呼伦贝尔市	森林沼泽	5.66	森林沼泽、草本沼泽以及珍稀濒危野生动植物	Ⅱ类	Ⅲ类	—
16	双台河口湿地	辽宁省盘锦市	滨海湿地	22.3	珍稀水禽	劣Ⅴ类	Ⅳ类	COD_{Cr}
17	南矶湿地	江西省南昌市	吞吐型湖泊湿地	3.33	珍稀水禽	Ⅲ~Ⅳ类	湖泊Ⅲ类	TN、TP
18	盐城湿地	江苏省盐城市	滨海湿地	45.3	珍稀水禽	Ⅳ类	Ⅲ类	TN
19	吉林莫莫格湿地	吉林省白城市	沼泽湿地	14.4	珍稀水禽	Ⅳ~Ⅴ类	Ⅲ类	TN
20	哈泥湿地	吉林省通化市	泥炭沼泽湿地	2.22	森林沼泽、草本沼泽以及珍稀濒危野生动植物	Ⅱ类	Ⅲ类	—
21	西洞庭湖湿地	湖南省常德市	吞吐型湖泊湿地	3	濒危动植物	Ⅳ类	Ⅱ类	TN、TP
22	洪湖湿地	湖北省荆州市	吞吐型湖泊湿地	4.14	珍稀水禽	Ⅳ~Ⅴ类	Ⅲ类	NH_3-N、TP、COD_{Cr}
23	沉湖湿地	湖北省武汉市	泛水沼泽湿地	1.16	珍稀水禽	Ⅳ类	Ⅲ类	TP
24	大九湖湿地	湖北省神农架林区	森林沼泽	0.93	森林沼泽、草本沼泽以及珍稀濒危野生动植物	Ⅲ~Ⅳ类	Ⅱ类	TN
25	网湖湿地	湖北省黄石市	吞吐型湖泊湿地	2.05	珍稀濒危野生动植物资源	Ⅴ类	Ⅲ类	TN、TP

第3章 我国滨海湿地水环境现状

续上表

序号	名称	地理位置	湿地类型	湿地面积（万 hm²）	主要保护目标	水环境质量现状	管理目标	主要超标因子
26	兴凯湖湿地	黑龙江省鸡西市	吞吐型湖泊湿地	22.46	珍稀水禽	V类	Ⅲ类	COD_{Mn}、TN
27	南瓮河湿地	黑龙江省大兴安岭地区	森林沼泽	22.95	珍稀野生动植物	Ⅰ类	Ⅱ类	—
28	珍宝岛湿地	黑龙江省虎林市	河岸沼泽湿地	4.44	珍稀野生动植物	Ⅲ类	Ⅲ类	—
29	东方红湿地	黑龙江省虎林市	泛洪沼泽湿地	4.66	珍稀野生动植物	Ⅲ类	Ⅲ类	—
30	友好湿地	黑龙江省伊春市	森林沼泽	6.07	珍稀野生动植物	Ⅳ类	Ⅳ类	—
31	哈东沿江湿地	黑龙江省哈尔滨市	沼泽和沼泽化草甸湿地	1.07	珍稀野生动植物	V类	Ⅲ类	NH_3-N、TN
32	北大港湿地	天津市	滨海湿地	3.49	珍稀候鸟	劣V类	Ⅲ类	COD_{Mn}、TN
33	济宁南四湖湿地	山东省济宁市	吞吐型湖泊湿地	12.75	珍稀水禽	Ⅳ～V类	Ⅲ类	COD、NH_3-N
34	黄河故道湿地	河南省商丘市	河岸沼泽湿地	0.23	珍稀水禽	Ⅳ类	Ⅲ类	COD_{Mn}
35	黄河三角洲湿地	山东省东营市	河口滨海湿地	15.3	珍稀濒危鸟类	V～劣V类	Ⅲ类	COD、NH_3-N
36	山口红树林湿地	广西壮族自治区北海市	滨海湿地	0.8	红树林生态系统	一类（海水）	一类（海水）	—
37	北仑河口湿地	广西壮族自治区防城港市	河口滨海湿地	0.3	红树林生态系统	Ⅲ类	Ⅲ类	—
38	湛江红树林湿地	广东省湛江市	滨海湿地	2.03	红树林生态系统	四类～劣四类（海水）	二类（海水）	无机氮、活性磷酸盐

续上表

序号	名称	地理位置	湿地类型	湿地面积（万 hm²）	主要保护目标	水环境质量现状	管理目标	主要超标因子
39	海丰湿地	广东省汕尾市	滨海湿地	1.16	珍稀濒危鸟类	一类（海水）	一类（海水）	—
40	南澎列岛湿地	广东省汕头市	滨海湿地	3.57	重要珍稀濒危野生动物	一类（海水）	一类（海水）	—
41	漳江口红树林湿地	福建省漳州市	河口滨海湿地	0.24	红树林生态系统	Ⅲ类	Ⅲ类	—
42	升金湖湿地	安徽省池州市	淡水湖泊湿地	3.33	鸟类资源	Ⅳ类	Ⅲ类	TN、TP
43	东洞庭湖湿地	湖南省岳阳市	湖泊湿地	19.03	珍稀鸟类	Ⅳ～Ⅴ类	湖泊Ⅲ类	TN、TP
44	海南东寨港湿地	海南省琼山县	滨海湿地	0.33	红树林生态系统	Ⅳ～Ⅴ类	Ⅲ类	TN
45	黑龙江三江湿地	黑龙江省佳木斯市	长期季节性河流洪泛产生的沼泽湿地	19.81	珍贵水禽及沼泽湿地	劣五类	Ⅲ类	TN

3.2 辽宁省滨海湿地环境现状分析

3.2.1 概况

辽宁湿地资源丰富,可分5大类11种类型,总面积达1219615hm²。其中浅海水域464200hm²,占38.0%;岩石性海岸5820hm²,占0.5%;潮间沙石海滩15780hm²,占1.3%;潮间淤泥海滩222404hm²,占18.2%;潮间盐水沼泽680hm²,占0.1%;河口水域15703hm²,占1.3%;三角洲湿地13510hm²,占1.1%,永久性河流252171hm²,占20.7%;永久性淡水湖6250hm²,占0.5%;库塘112860hm²,占9.3%;草本沼泽110237hm²,占9.0%。另外,全省共有灌溉水田679729hm²(不计算在5大类11种湿地面积中)。

3.2.2 辽宁湿地水环境现状分析

3.2.2.1 湿地面积减少

与1996年相比,2000年已利用湿地,苇地面积减少2821.6hm^2,滩涂面积减少9914.4hm^2;未被利用的湿地,盐碱地面积减少43.95hm^2,沼泽地面积减少691.11hm^2。目前湿地土地面积仍在继续减少。

3.2.2.2 湿地生物种类和数量明显减少

自然湿地被改造为单一的稻田、虾田、盐田等,环境的多样性遭到破坏,依赖于湿地生存的生物种类大幅度减少。按岛屿生物地理推测,湿地面积减少1/2后,生物种类将减少1/4。由此推算湿地中现存的生物种类可能为原来的75%或更少。

3.2.2.3 河流水质及近岸海域污染严重

目前,辽河流域的浑河、太子河、辽河和大辽河各城市河段,各水期有90%为劣V类水质。大凌河各城市河段,各水期均为劣V类水质。鸭绿江为辽宁省水质较好的河流,但近几年也出现过V类和劣V类的现象。近岸海域"九五"期间各水期劣IV类水质占53.3%,IV类水质占20.0%,III类与II类各占13.3%。近岸海域频繁出现赤潮现象,说明海域水质污染形势严重。

(1) 湿地资源开发利用不合理

近年来沿海地区开展对虾养殖,但由于缺少规划,开发布局不合理,养殖超过了近岸海域的生产能力,使虾产量和质量下降。经济鱼类和蟹类的过量捕捞,致使一些主要经济鱼类和蟹类大幅度减少甚至绝迹,这种掠夺式经营方式造成了水产资源的枯竭和生态环境的破坏。

(2) 洪涝灾害

辽东湾地势低洼暴雨集中且持续时间长,加之境内河流均为感潮河段,防护标准低。另外,河流上游的部分低山丘陵区,植被覆盖率较低,水土流失严重,河水中大量泥沙沿途沉降,导致河床抬高,有的河段甚至成为地上河,使行洪能力大幅度下降,暴雨期间极易发生洪涝灾害。

3.2.2.4 土壤次生盐渍化和海岸侵蚀

沿海地区某一种自然灾害的发生,往往衍生出另一种自然灾害的出现,如气候干旱少雨,持续超采地下水,导致地面下沉,引起海水入侵、土壤盐渍化。同时河流输沙量减少、地面下沉又促进了海平面上升,并加剧了风暴潮和海岸侵蚀灾害。

3.2.3 辽宁省湿地污染原因分析

沿海河流湿地主要污染源可划分为外源污染和内源污染两类。外源污染治理包括点源污染治理和面源污染治理。

3.2.3.1 点源污染

主要为在产工矿企业排放的污水和城乡日常生活污水。

3.2.3.2 面源污染

据调查,根据湿地面源污染发生区域和过程的特点,可将其分为城市和农业面源污染两大类。

（1）城市面源污染

城市面源污染主要是在降水条件下,雨水和径流冲刷地面,使溶解的或固体污染从非特定的地点汇入受纳水体而引起的水体污染。当前城市面源污染主要有建筑材料的腐蚀物、建筑工地上的淤泥和沉淀物、路面的砂子尘土和垃圾、汽车漏油、汽车尾气中的重金属、大气的干湿沉降以及其他分散的工业和城市生活污染源等。这些污染以各种形式积蓄在街道、阴沟和其他不透水地面上,在降雨的冲刷下通过不同的途径进入湿地中。六股河、大凌河、碧流河、大洋河等河流都过境辽宁沿海主要市县,给城区带来滨河景致的同时,也面临着严峻的城市面源污染压力。

（2）农业面源污染

农业面源污染是指在农业生产活动中,农田中的泥沙、营养盐、农药及其他污染,在降水或灌溉过程中,通过农田地表径流、壤中流、农田排水和地下渗漏,进入水体而形成的面源污染。这些污染主要来源于农田施肥、农药残留、畜禽及水产养殖和农村居民生活垃圾,农业面源污染是最为重要且分布最为广泛的面源污染。辽宁沿海区域气候温和湿润,适宜北方常见果树及农作物生长,种植面积广阔,农业生产中药肥的使用是导致沿海河流湿地氨氮和总磷等指标偏高的主要原因。

（3）内源污染

内源污染主要指进入河流中的氮、磷等营养物质通过各种物理、化学和生物作用,逐渐沉降至底质表层。在一定的物理化学及环境条件下,从底泥中释放出来而重新进入水中,从而形成河内污染负荷。河流湿地流径流量受季节变化影响较大,汛期（7—8月）流量大,汛期过后,水量逐渐减少。部分河流各级支流,除雨季外,常出现断流现象。流量小,流速缓慢,容易造成泥沙淤积,导致营养物质滞留,致使河流受到不同程度二次污染。特别是河流城区段,为达到水面广阔的景观效果,多在城区下游修建橡胶坝或低溢流围堰,这种把水"憋"起来的做法降低了河流水体流动,为内源污染二次孵化提供了温床,致使五日生化需氧量(BOD5)等指标上升。

3.3 天津市滨海湿地环境现状

3.3.1 天津湿地概况

天津地处渤海之滨,九河下梢,是"退海之地",绝大部分是由古黄河三次北徙冲积而成的平原,地势由西北向东南逐渐降低,呈簸箕形向渤海倾,平原面积占总面积的94%,海拔2~5m。由于天津特殊的地理位置和地貌特征,区域内形成大量的湿地,是我国四大直辖市中湿地资源最丰富的城市。根据遥感数据和实地调查数据,2008年天津共有湿地20.66万hm^2。在参考国际《湿地公约》和国内学者相关研究的基础上,根据湿地的定义和自然属性,依据地貌、水文、土壤、气候等指标,将天津地区的湿地分为河流湿地、湖泊湿地、沼泽湿地、近海湿地和人工湿地5个景观类型。

3.3.2 天津地区湿地生态系统退化现状

3.3.2.1 湿地水文过程

天津地区历史上水量丰富,自1958年海河和滦河流域实行上游拦蓄、下游疏导的方针以来,上游来水明显减少。据统计,20世纪50年代,天津入境水量高达144亿m^3,70年代为47m^3,90年代初只有10m^3左右,最高年份也仅有38亿m^3。到2010年,95%年份的过境水量为2.93亿m^3。天津地势平坦,蓄水能力很弱,而上游来水又集中在汛期,上游来水难以得到有效利用。境内大多数河流成为了季节性河流,非汛期几乎无来水,天津多年平均降水量仅为年水面蒸发量的1/2。由于气候干旱、上游拦蓄和本地使用等原因,天津地区的湿地蓄水量已大大退化,北大港水库库容5亿m^3,现已退化56%,即库容量为2.8亿m^3。团泊、尔王庄水库、南运河、子牙河、大清河等湿地基本干涸,1km^2以上的洼地由20世纪60年代初的200个减少到现在的12个。目前天津地区的水资源主要用于生活和生产用水,在满足生活和生产用水的基础上,才能为湿地生态系统供水。由于河水水位下降,导致渤海海水水位高于内河水位,为了防止海水倒灌,天津的入海河流除永定新河外都构筑了防潮闸,使得天津地区的湿地完全不再流动,成为死水,导致了湿地水文过程的完全破坏。

3.3.2.2 湿地水质状况

(1)境外来水污染严重

境外污水造成的地表水和海洋污染已成为天津地区水环境的主要问题。近年来,境外来水不仅来水量小,而且污染严重。黑龙港河及运东流域水系上游的部分地区通过北排水河、沧浪渠排泄洪水,其中沧浪渠每天排水量达 4 万~6 万 m^3。漳、卫、南运河水系,上游地区通过南运河向天津地区下泄洪水,造成天津南部地区农业用水水源污染。南大港湿地及保定污水库续存的污水在汛期也下泄天津,排污方式隐蔽,往往造成包括海河干流等蓄水性河道的污染,对天津湿地水质危害很大。北运河、青龙湾减河来水常年超过Ⅴ类标准;北排水河主要是接纳北京市的工业和生活污水,污水中含有大量的有害污染物。

(2)境内水域水质污染严重

由于地表水资源的过度开发及降水的减少,各河水量逐年减少,导致水体自净能力降低,同时,点污染源和面污染源的增加,使水体污染严重。除引滦水系外,绝大部分河流水质为Ⅴ类或劣Ⅴ类。海河干流在引滦通水前一直作为天津市的饮用水源,目前水质呈有机污染型。与海河相通的其他城市景观河道,目前已不允许污水排入,但是由于合流制排水管网尚未得到彻底改造,雨污水排入后造成严重污染,并且由于市区河网的贯通,使得污染可以迅速扩散到其他河道。总体上,有水皆污成为天津湿地水环境的普遍现象。

3.3.2.3 湿地生物多样性现状

由于湿地水文过程的破坏和水质的恶化,天津地区的湿地生物多样性也在遭受破坏,根据调查和历史资料统计,该区域湿地植物种类较为丰富,计有46科135属232种。但由于湿地生境遭到破坏,目前天津市大部分的河流和湖泊湿地的植物群落已大大减少,许多湿地甚至没有任何植物生长,在一些水质相对较好的地方,分布着盐地碱蓬群落、碱蓬群落、獐毛群落、芦苇群落等单优势植物群落。与 20 世纪 60 年代比,淡水鱼类减少 30 种,鸟类减少 20 种,一些珍禽如鹈鹕、鸳鸯、白尾海雕等珍禽罕见或未见,银鱼、河蟹、中华绒螯蟹已绝迹。

3.3.2.4 湿地土壤现状

由于湿地水质污染严重,湿地土壤质量也受到了严重影响,根据吴光红等(2008)的测定,天津主要水体(于桥水库、团泊洼水库、海河干流、大沽排污河和渤海湾天津近岸海域)表层沉积物中的重金属 Cd、Zn 污染严重。湿地土壤污染影响湿地植物和湿地动物的生存环境,导致了生物量和生物多样性的下降。

3.3.2.5 湿地生态功能现状

天津地区的湿地生态系统由于湿地水文过程受到破坏、湿地水质污染严重,导致湿地土壤质量受到损害,湿地生物多样性下降,进而引起了湿地生态功能的变化,如造成湿地生物生产力下降、水文调节功能削弱、土壤固碳能力降低,水质净化功能几乎丧失、植物群落组成改变、蓄洪能力降低等。目前天津地区湿地生态系统已基本上丧失了健康生态系统应该具有的结构和功能,从宏观上看,还存在一定面积的水面,但大多数是人工河道、养鱼养虾塘等人工湿地。

3.3.3 天津地区湿地水环境污染原因分析

分析天津地区湿地退化过程,可以认为,湿地水文过程的破坏和湿地水质环境恶化,引起了湿地生态系统结构中其他组分的变化,进而影响到湿地的生态功能。所以,湿地水文过程的破坏和湿地水质污染是天津地区湿地生态系统退化的起因。据此,就可找到天津湿地退化的驱动力因子。

3.3.3.1 生境丧失

由于城市建设,占用了大量湿地,直接导致了湿地生境的丧失。

3.3.3.2 上游水量减少

从天津湿地的退化现状可以看出,由于上游来水的大量减少,直接导致了湿地水文过程的破坏。

3.3.3.3 水质污染

首先上游来水质量较差,其次是境内生活、生产以及农业面源等污染,导致水环境质量污染严重。水质污染直接导致了湿地生境质量的恶化,湿地植物和湿地动物的生存受到严重影响。

3.3.3.4 湿地生境结构

由于近年来城市的建设,城市内的大多数河道被建设成为硬质的水泥护岸,有些河道底部也被硬化,直接切断了地表水与土壤的界面,让城市内的河流湿地真正成为"死水渠"。湿地生境结构的改变造成湿地功能不能正常发挥。

3.4 山东省滨海湿地环境现状分析

3.4.1 黄河三角洲湿地水环境评价

3.4.1.1 主要河流污染状况及评价结果

广利河、小清河为客水河流,流经黄河三角洲入渤海;挑河和神仙沟是起源于黄河三角洲内的本水河流,亦直接流入渤海。以上河流是黄河三角洲上规模较大的四条河流,前二者位于今黄河之南,流量相对较大;后二者位于今黄河之北,流量很小,它们的污染特征和程度具有较好的代表性,且较均匀地分布在黄河三角洲上。

广利河河水污染较为严重,水质低于国家地表水环境质量 V 类水质要求。水质污染以有机物、氨氮和总氮、总磷污染为主,COD、BOD5、氨氮、挥发性酚、石油类、总氮、总磷的污染指数均超过地表水 V 类标准。与广利河相比,发育于东营南部的小清河的污染更为严重。据东营市 2017 全年检测结果,小清河水体已受到极严重污染,根据单因子污染指数的评价结果,其主要的污染因子包括总氮、氨氮、BOD5、COD、石油类、总磷等,其中前 3 项最大值较地表水 V 类水质超标倍数均在 10 倍以上。

神仙沟和挑河为黄河三角洲内黄河尾闾河道,流量小、流程短,但附近石油工业废水及居民生活污水的排放使得其河水已受到较严重的污染。两条河流的主要污染类型为有机污染,以 COD 尤其突出,其次是石油类污染严重。

3.4.1.2　浅海滩涂水环境状况及评价结果

黄河三角洲浅海水质主要受石油类、挥发酚、无机氮、无机磷的污染,滩涂水质受到石油类、COD_{Cr}、挥发酚的污染。可见,主要污染源与油田开发工业和生活污水、水产养殖密切相关。

3.4.2　环境污染对湿地生态的影响

黄河三角洲环境污染的加剧,对该区湿地生态环境和生态系统组成及稳定性造成了重大影响。概括而言,环境污染对该区湿地生态的影响可分为间接影响和直接影响两个方面。间接影响包括由于生物多样性破坏而导致遗传基因库破坏及由于湿地生态系统破坏而导致的旅游、休闲及文化等社会经济价值的损失等。直接影响包括生境破坏、生物多样性破坏及生态系统破坏及功能丧失。

3.4.2.1　环境污染导致湿地生境破坏

有机污染、石油类污染严重,营养物富集是黄河三角洲湿地的主要污染形式,其主要污染源为工业废水和城市生活污水的排放。该区每年工业废水和生活污水的排放量达到了 8000 万 t 左右,这些污水有相当一部分未经处理就排放到了河道和近海,加上黄河和其他河流上游地区未经处理的污水顺流而下,致使三角洲地区的水污染非常严重。水污染对湿地的影响主要表现在对溢洪河、挑河、神仙沟、草桥沟、小清河等水域单元的影响上。

石油工业是造成黄河三角洲地区生境退化的一个重要原因,其造成污染的方式包括陆上油田的开发和海上钻井平台、海港及海上运输的船只,陆源污染物的入海造成了潮下带湿地环境质量下降。

3.4.2.2 环境污染导致生物多样性的破坏

随着工农业生产的发展和人为活动频繁影响,黄河三角洲已由过去的天然生态系统渐变为以耕作为主的农业生态系统,造成该区湿地生物多样性的破坏也日趋严重,水质污染在造成近海海域污染和河流严重污染的同时,也对湿地物种及遗传多样性构成巨大威胁。黄河三角洲湿地生物多样性不断遭受环境污染破坏主要表现在以下方面:

(1)近海海域有机污染导致富营养化、生物种类减少

环境污染不仅影响了入海淡水的数量和质量,还影响了入海的水生生物食物的数量和质量。这必然影响潮间带及潮下带水生生物的正常生存,甚至造成水生生物遭受严重毒害甚至死亡。黄河三角洲河流石油入海量年达1500t,致使浅海和滩涂受到石油污染,从而导致底栖生物种类明显减少,生物多样性指数降低;浅海无机氮超标率高,富营养化严重,浮游植物发生明显的群落演替。

(2)河流污染导致淡水生物多样性降低

河流严重污染致使河流水生生物种类减少,影响了生物群落结构和功能,生物多样性指数降低。如因水质污染严重,使原产小清河的鲤鱼、草鱼、鲫鱼等22种经济鱼类现基本上绝迹,久负盛名的小清河银鱼已在该河中灭绝。原产河口的鲚、凤鲚、短颌鲚,也因河流水质污染而濒于灭绝。

(3)物种及遗传多样性受到威胁

中华绒螯蟹原为该区域优势水产资源,现在已很少见到;近海的中国对虾、大小黄花鱼、三疣梭子蟹等也已很少见到;植物资源中的地笋、甘草、柳穿鱼、洋金花、单叶蔓荆等10多种野生药用植物、牧草现已濒危。黄河三角洲的野大豆是重要的种植资源,现仅零星分布。

3.5　江苏省滨海湿地环境现状分析

3.5.1　江苏省滨海湿地概况

江苏省滨海湿地主要位于中部沿海的盐城市,北为侵蚀性海岸,南为淤长型淤泥质海岸。盐城滨海湿地有全球最大的丹顶鹤迁徙越冬种群,是我国沿海生物多样性最丰富的重要地区之一。

3.5.2 滨海湿地退化现状

人类的持续开发利用活动特别是大面积滩涂围垦,是导致江苏滨海湿地不断变化的主要因素。20世纪80年代后,盐城的天然湿地面积在减少,如碱蓬群落、芦苇群落、獐茅群落、潮间带泥滩等;而人工湿地面积在增加,如鱼塘、农田等。

3.5.3 江苏省滨海湿地退化成因分析

3.5.3.1 滨海湿地围垦

据统计,1951—2014年,盐城滨海湿地共围垦1830.1km², 开发利用呈多元化的快速发展之势。开发利用方式主要包括养殖业、工业、城市建设、港口建设、旅游娱乐等,其中养殖用海面积所占比例最高,其次是工业用海。大规模湿地围垦除了造成湿地面积萎缩、纳潮量变少、水体自净能力减弱外,还会破坏生物生境,使动植物栖息地不断丧失,严重影响滨海湿地的生态功能。大规模围垦湿地造成的湿地面积剧减,已成为滨海湿地保护面临的最大威胁。

3.5.3.2 水产养殖

1980—2008年间,盐城滨海湿地面积减少了约33%,其中一半以上均变成了水产养殖区域。水产养殖业在一定程度上引起海水富营养化,造成湿地环境污染。同时养殖区面积的不断增加,使滨海湿地景观体系发生变化,景观类型趋于单一化,这在一定程度上会减弱滨海湿地的生态服务功能,降低生物多样性,不利于生态系统的稳定发展。

3.5.3.3 水环境污染

水环境污染是当前滨海湿地环境损害及生境丧失的主因之一,污染源主要包括工农业生产、城乡居民生活及海水养殖等人类活动产生的污废水。陆源污染物不断流入近岸海域,重金属在沉积物中逐步积累,严重影响了湿地的生态平衡,水生态环境不断恶化,对湿地造成了严重污染。《2017年江苏省海洋环境质量公报》中陆源入海排污状况显示,全省61条入海河流水质95.6%劣于地表水第Ⅲ类水质标准,主要污染物为COD_{Cr}、氨氮、总磷、石油类,邻近海域水环境污染严重。随着"海上苏东"战略的实施,盐城加快了工业化、城市化的步伐,响水、滨海、射阳等地化工产业成为当地支柱产业,这些都促使盐城滨海湿地的水环境恶化,湿地受损。

3.5.3.4 滨海湿地资源的不合理利用

滨海湿地资源的不合理利用主要表现在海洋捕捞强度大且方式不合理,芦苇、碱蓬、水草等植被过度收割,偷猎等。过度捕捞使鱼虾蟹等水产品产量急剧减少,造成渔业资源的枯竭;对芦苇、碱蓬、水草的过量采收,造成植被面积大幅减少,也破坏了动物的栖息地和觅食地。因此,人们对湿地生物资源的过度开发利用,改变了滨海湿地自然演变规律,会造成湿地面积的减少和破坏,影响滨海生物的栖息、索饵、繁殖,对滨海湿地生态系统的影响是显著的。

3.5.3.5 外来物种入侵

江苏沿海在水文及气候特征等方面与互花米草原产地美国东海岸相近,互花米草是高耐盐碱植物,对总磷、氨氮等净化效果良好。但互花米草引入盐城滨海湿地后迅速繁殖,抢占潮滩,本区原来的优势种如白茅、盐蒿等已逐渐被其取代。互花米草的疯长,抢占了大面积滩涂,使文蛤、泥螺等贝类的生存空间缩减、生境恶化、产量减少,同时也破坏了丹顶鹤等珍稀鸟类的栖息环境。

3.5.3.6 海岸侵蚀

盐城滨海湿地主要分为 3 个区域:灌河口-射阳河口岸段为侵蚀后退型;射阳河口-斗龙港口岸段为蚀淤过渡型,北部侵蚀,南部淤长,且过渡点逐渐南移;斗龙港口-琼港岸段为淤长型海岸。海岸侵蚀使岸线后退,滩涂下蚀,滨海湿地环境完全向深海环境转变,直接导致滨海湿地蚀退消失、面积减少、生境破坏,给湿地生态系统带来了巨大危害。

3.5.3.7 海平面上升

海平面上升会导致滨海湿地面积迅速减少,并向陆地退化,光滩被淹没甚至消失,草滩不断萎缩,甚至可能退化为光滩。

3.6 浙江省滨海湿地环境现状分析

3.6.1 浙江省滨海湿地概况

浙江省滨海湿地位于中国海岸带中段,濒临东海,面积大于 $1km^2$ 的滨海湿地总面积为 $5742.54km^2$,占全省湿地总面积的 72.23%;共包括 9 个湿地类型,浅海水域、岩石性海岸、潮间沙石海滩、潮间淤泥海滩、潮间盐水沼泽、红树林、海岸性淡水湖、河口水域($786.31km^2$)及三角洲湿地。

3.6.2 浙江省滨海湿地生态环境污染状况

结合近几年的海域监测情况,从 2001 年以来,浙江省滨海湿地水质一直为劣四类水质,所占比例为100%。杭州湾的水质情况不容乐观,水污染情况已经十分严重。

2018年杭州湾全海域为劣四类海水,主要超标指标为无机氮和活性磷酸盐和油类,监测到无机氮的样品基本都为劣四类水质标准,活性磷酸盐大多数样品为四类和劣四类水质标准,并且这两者的数据有上升趋势。这虽符合杭州湾水域的航运、油气、排污等主导功能,但对其他海洋功能如渔业资源、水产养殖等影响较大。随着经济活动影响的加剧,杭州湾海域水质污染形势严峻,主要陆源入海污染物严重影响海域环境质量,海域环境质量受长江、钱塘江、甬江、椒江、瓯江、飞云江和鳌江等主要入海径流的直接影响;河流携带大量污染物入海导致河口及周边海域水质处于严重污染状态,主要污染物为无机氮和活性磷酸盐。

杭州湾滨海湿地污染严重,生态系统质量下降。人口的剧增和工业化进程的加快,给湿地水域环境带来了各种污染。此外,工业企业、港口船舶、捕鱼作业所带来的油类污染也十分严重。杭州湾总氮及磷酸盐的污染指数在全省海域中是最高的,达到了劣四类或四类标准,其他超标的污染物还有易降解的有机物及油类,值得注意的是,有些区域已出现了汞和铅超标的情况。湿地污染不仅使水质恶化,也对湿地生物多样性造成了严重危害。沿岸海域日趋发达的海水富营养化,不仅使渔业生物原有的栖息环境受到影响,而且在一定条件下通过某些生物的大量异常繁殖如赤潮而直接使其他生物受害,导致某个食物链级上生态系统的失衡,给渔业生产尤其是沿岸养殖业带来重大损失。赤潮发生与海水富营养化程度密切相关,杭州湾湿地的主要污染源包括大量的工农业废水和生活污水的排放,运输等引起的漏油、溢油事故,以及农药、化肥和除草剂的不当使用等。大量使用化肥、农药、除草剂等化学产品,造成了稻田等人工湿地的严重污染,进而影响了内陆和沿海的水体质量;近岸海域污染不断加剧,总体观察呈恶化趋势,其中,尤以无机氮和无机磷营养盐污染最为严重,超标面很广,不仅破坏了海滨景观,也造成了生物多样性的丧失。

3.6.3 浙江省滨海湿地主要生态环境问题成因分析

3.6.3.1 自然因素

特殊的地形和水文条件是造成浙江省滨海湿地水质超标的原因之一。例如,杭州湾是我国唯一的河口型海湾,喇叭状地形和半日潮水文,导致海湾内水体扩散条件较差;钱塘江径流与海水间咸淡水相互作用,容易导致污染物质富集。另外,杭州湾受长江径流影响,营养物质存在叠加现象,海域环境水质污染严重,导致海水水质长期处于劣四类。湾外的舟山群岛和舟山渔场也是中国沿海赤潮发生最严重的区域。

3.6.3.2 陆源污染

(1)江河入海污染

长江、钱塘江、曹娥江和甬江的径流每年都会给浙江省滨海湿地带来大量的营养物质。大量泥沙和高浓度污染物随长江冲淡水进入浙江省滨海湿地。加之在杭州湾入海的钱塘江、甬江流域及不定期开闸排水的曹娥江流域,人口稠密,经济活跃,生活污水和工业污水排放量大,大量污染物源源不断地随江水进入海域。

(2)沿岸排污口污染

根据杭州湾主要排污口排污情况看,入海排污口的排污情况不宜忽视,仅浙江省就有多达30个排污口,污水排向杭州湾。绝大部分排污口排海污水均有呈现出了一些不良的表观现象,如污水颜色呈黑色、灰褐色、黄色、微黄或浅黄、淡黄绿色等,污水发出恶臭味、鱼腥味等难闻气味,排放口海域海水水体较为浑浊等。废水中主要污染项目有COD、BOD5、总磷、氨氮、悬浮物、油类、粪大肠菌群、重金属铜、汞、砷、铬、铅、多氯联苯、挥发酚、氰化物等,其中超标排放的有COD、悬浮物、总磷、氨氮、粪大肠菌群、挥发酚、多氯联苯等。排污口附近海域水质状况较差,生物环境质量状况不宜乐观,给海洋资源造成不良的影响和损害,污染物累积的潜在环境风险加剧。

(3)农业面源污染

氮肥和磷肥为农用化肥的主要品种,其用量大,施用范围广。农用化肥流失使得大量氮、磷进入水体,成为水体氮、磷的重要污染源。畜禽污染也是陆源的一个重要组成部分,禽畜养殖产生的主要污染物为COD、氮、磷等。

杭州湾沿岸的海水养殖主要为池塘养殖和滩涂养殖(滩涂紫菜、低坝高网养殖、平涂养殖贝类、蓄水养殖),养殖品种主要有:淡水四大家鱼(青、草、鲢、鳙)、鲫鱼、南美白对虾等。

(4)沿岸海洋开发活动的影响

沿岸海洋开发活动的影响包括洋山港等工程群叠加影响带来的浮游生物多样性下降;东海打桩大桥的修建和港口防波堤的修建,造成了水域生态的变化,生物量大幅度下降的可能性。日益发展的旅游业,频繁的人为活动会污染生态环境,破坏生态结构。随着交通更加便利,人为活动对桥头滩涂、湿地的影响进一步加剧,如杭州湾大桥中部设置了观光平台,桥头附近新增了旅游观光区等,人为活动的增加,势必产生更多的垃圾,如饮料瓶和食品包装等。

随着杭州湾新区建设步伐的加快,环杭州湾产业带的建设步伐进一步加速。其中不乏重污染产业项目被布局在杭州湾南北两岸。如石油化工业、纸产业、能源行业、钢铁、机械等。

(5)湿地生态功能破坏

杭州湾南岸滨海区是浙江省目前最大,同时也是最重要的湿地之一,是候鸟的栖息场所,杭州湾慈溪浅滩、是雁鸭类及多种珍稀冬候鸟在杭州市集中越冬的栖息地、迁徙驿站。共有118种湿地水鸟在此栖息,每年200多万只鸟在其上空经过。杭州湾周边产业区规划建设以来,湿地数量和面积大幅减少,水生动物、下生动物、湿地水鸟的面积减少。杭州湾湿地的减少主要发生在城市和海岸线周边,主要分布在杭州市区、绍兴市、嘉兴市和慈溪北岸。一方面,一部分湿地减少是因为湿地转化为农田;另一方面,城市建设扩展规模大、速度快,侵占了大面积湿地。随着现代社会和经济的快速发展,乡镇城市化进程的加快,工商业建设用地和城市建设用地需求将不断增加,滩涂湿地资源将面临巨大考验。

(6)潮间带自然生境遭受破坏

湿间带生物中的二重壳类和蔓足类大量过滤浮游藻类,抑制水体中的赤潮藻类的浓度,有助于抑制赤潮的发生。同时,在湿间带和湿带生活的大型藻类,消费大量的营养盐,对浮游藻类的浓度的抑制和红潮的发生的抑制也有着重要的贡献。因此,湿地面积的大幅度减少,直接造成潮间带的生态环境的破坏。近年来,浙江省生态监测区监测结果显示,浮游生物的优势种数逐年减少,浮游生物的生态群落结构正在变得简单。浮游生物的生物量逐渐减少,呈现出小型化的倾向。底部生物的生息密度逐年减少。目前浙江省存在着缺乏大型底栖动物盲区,该盲区分布在冲刷和淤积较为严重的钱塘江口附近。

3.7 广东省滨海湿地环境现状分析

3.7.1 广东省滨海湿地概况

广东省滨海湿地处于我国大陆最南端,大陆海岸线长3368.1km,岛屿海岸线长1649.5km,大小海湾510多个,海岛759个,滨海沙滩174处,主要入海河口6处,绵长的海岸线和复杂的地貌结构孕育了丰富的滨海湿地资源。广东省滨海湿地包含11个湿地类型,总面积为8150.98km^2,占全省湿地面积的46.49%,占我国滨海湿地总面积的14.06%,拥有《关于特别是作为水禽栖息地的国际重要湿地公约》(简称《湿地公约》)规定的所有滨海湿地类型,如拥有全球生物多样性最丰富和单位服务价值最高的红树林生态系统。行政范围涉及潮州市、汕头市、揭阳市、汕尾市、惠州市、东莞市、深圳市、广州市、中山市、珠海市、江门市、阳江市、茂名市和湛江市14个沿海地级市和38个(区)县。

3.7.2 广东省滨海湿地水环境现状

由于人口的增长,城市的迅速扩张,工业与生活污染加剧,广东湿地水环境污染情况严峻。近年来,随着产业转移升级逐步推进,珠三角地区水环境质量虽然有所改善,但仍面临巨大压力,且水环境污染有全省扩散的趋势。据《2014年广东省环境状况公报》显示,全省124个省控断面中,仍有近三成断面水质达不到Ⅲ类以上优良水平。其中12.1%为轻度污染(Ⅳ类水质),2.4%为中度污染(Ⅴ类水质),尚有8.1%的水质为劣Ⅴ类,受重度污染,主要表现为氨氮、总磷、五日生化需氧量等超标。全省19条主要入海河流中,73.7%的河口水质优良,15.8%为轻度污染,10.5%为重度污染。另外,由于沿海水产养殖管理粗放、布局混乱,加上盲目扩大规模,致使近岸海水富营养化情况加重,珠江口海域水环境功能区受重度污染,主要污染指标为无机氮和活性磷酸盐。

3.7.3 广东省滨海湿地水环境恶化成因分析

3.7.3.1 工农业生产和生活污水

工农业生产和生活污水是造成珠江河口湿地生态环境恶化的主要因素之一,也是广东省滨海湿地无机氮、磷酸盐、重金属等污染物的主要来源。

随着沿海地区的人口增长、工农业生产的发展和城市化,生活生产废污水排放量增长很快,但工业和生活污水处理率低,大部分废污水未经处理直接排入河道,加上农业污染,造成河口及近岸海域污染日趋严重,水生态环境恶化,对湿地本身以及湿地周围未开发滩涂造成污染,不仅直接影响附近的潮滩生物,还危害其他岸段的潮滩生物。

随着水污染,生物多样性随之下降,渔业资源在逐年衰退,水生态环境已出现退化。此外,水质污染不仅影响河口湿地的水质景观环境和工农业及生活用水,还影响了河口湿地生物的生长繁殖和生态需水。珠江口及其附近海域,每年通过珠江入海的重金属及油类污染物近万吨,各种污染物质进入海水和底质中,会在生物体内富集,再通过食物链进入人体,对人体健康造成危害。据调查,珠江口底栖生物总生物量2009年以后开始渐趋下降,珠江海区的污染使栖息该海区的明科、石首科、带鱼、乌贼、中国对虾等经济鱼类和经济虾类连续出现大量死亡,使洄游产卵繁殖的狮鱼、马绞等鱼类锐减。

位于珠江口东部的国际重要湿地——香港米埔沼泽地及深圳湾正受到农田废水、生活污水及禽畜废水的干扰和威胁。由于大量的污染物排入该湿地,而后海湾的水极浅,无法自然降解,且处理率远不能满足水质要求。预计未来后海湾周围地区的人口仍将增长,人口的增加意味着污染可能会更严重。水质严重污染会导致泥滩动物死亡和减少,对于每年约万头飞抵该湿地以弹涂鱼、螃蟹和海滨蛆蝴等泥滩动物为食的迁徙候鸟,会构成严重的打击。

3.7.3.2 滩涂围垦与水产养殖

珠江河口湿地的滩涂围垦由来已久,围垦过程中,围垦范围内的湿地生物往往被全部掩埋,没有逃逸、迁徙的通道和机会,使之完全丧失了恢复的可能。许多滩涂零星分布的红树林,逐渐变成灌木丛,甚至成为荒滩。同时,近几十年的围垦趋于整体化和产业化,其规模大,对河口湿地和海岸带湿地影响较大,使得河口湿地及海岸带湿地面积萎缩。

垦区利用方式主要是农业和水产养殖业。水产养殖业在养殖过程中大量的动植物性残饵经过高温腐烂后悬浮于水中,成为"肥水"并通过交换水体的方式排入水中,产生有机污染,使一些有害藻类大量繁殖,水质变坏,危害潮滩动物,有时还可能形成赤潮,造成更大的危害。

农业通过三方面影响潮滩动物。一是消耗大量淡水,使得排海淡水大量减少,潮滩动物减少了从淡水中得到的微生物、菌藻类等饵料;二是围垦后排水闸的兴建,改变了排水特性,季节性的排水改变了原潮滩动物的生长环境,使潮滩动物量下降;三是农药化肥的使用,给水域带来新的有机污染和某些重金属污染。随着围垦养殖和开发建设,河口水域的富营养化程度逐年提高,时有发生的赤潮灾害等对湿地的水生生态构成了威胁。此外,为了生存和经济发展,大量筑堤防洪在一定程度上减小了河流暂时性的湿地范围,即河流洪泛平原,包括河滩、洪泛河谷和季节性泛洪草地,破坏了湿地的自然环境。

3.7.3.3 河口海岸城市化进程加剧

以广东惠东港口海龟国家级自然保护区为例,近年来,沿海经济的发展和海岸带资源的开发利用,人群的活动越来越逼近保护区。由于年划定保护区范围时,陆地仅确定以25m等高线为界,海域范围距岸仅2000m,人们在陆地界以外活动仍很容易影响海龟产卵场的生态环境和干扰海龟的活动。在海上,由于近年来小海龟数量不断增加,附近作业的拖网、刺网渔船较多,炸鱼、电鱼船也时有出现,误捕、违规拖死海龟的现象时有发生,影响了海龟的生态环境。国际重要湿地——香港米埔沼泽地及深圳湾,是一个大型的浅水河口,有大片的潮间泥滩,边缘处长有矮红树林,背后有浅水虾池和深水鱼塘,后面的湿地不断围垦变成工业用地,湿地生态环境正受到干扰和威胁。

3.7.3.4 滩涂湿地岸线变化

深圳湾及伶仃洋岸线时刻处于动态变化过程之中,而且各个岸段推进距离与开发利用阶段均不平衡。岸线变化对水环境也产生了重要的影响,具体体现在以下方面:

近岸滩涂水域面积减少,降低纳污容量和污染物降解空间。大规模的口门整治围垦工程,使原有的大部分近岸浅滩水域变成海堤线内的规整垦区,岸线变化使一些主要污染河道下排的污水进入内伶仃洋核心水域,使污染物背景含量有所增加。岸线变化对相对封闭水域的影响,是随着水面积的减少和水域容积变小,而同期上游污染物来量的增加,降低了湾内的水域纳污容量,污染物降解空间条件不断恶化。

岸线轮廓变化促使出口水体输移路径有所改变,间接影响污染物稀释扩散的位置和速率。岸线边界变化剧烈,北侧岸线向海推进,南头半岛西南部伸入海湾,致使湾顶水域不断淤浅,北侧浅槽有所发展。南头半岛西南部的伸入不利于落潮时湾内水体汇入湾口矾石水道—暗士顿水道。因此,岸线边界变化的结果,使得湾内外水体交换的现象没有明显改善,间接影响了污染物稀释扩散的位置和速率。

3.8 广西壮族自治区滨海湿地环境现状分析

3.8.1 广西壮族自治区滨海湿地概况

广西北部湾滨海地区位于我国大陆海岸线的西南端,北面为广西壮族自治区钦州、北海、防城港三市的临海区域,南侧与北部湾相连。海岸线东起合浦的洗米河口,西至中越交界的北仑河口,岸线总长 1628km。海岸线迂回曲折,港湾水道众多,天然屏障良好,素有"天然优良港群"之称,港口资源丰富,自西向东分别为北仑河口海湾、珍珠湾、防城港湾、钦州湾、三娘湾、大风江口、廉州湾、北海东海域、铁山港、丹兜海、英罗港等;主要入海河流有北仑河、防城江、茅岭江、钦江、大风江、南流江;有大小岛屿 650 多个,岛屿岸线长约 460km,滩涂面积近 10 万 hm^2;沿岸湿地分布广泛,滨海湿地类型复杂,主要有浅海水域、珊瑚礁基石性海岸、潮间淤泥海滩、红树林沼泽、泻湖、河口水域等湿地类型。红树林、海草床、珊瑚礁三大海洋生态系统分布其中,物种极其丰富,具有重要的经济和科研价值以及生态价值。

3.8.2 广西壮族自治区滨海湿地水质及沉积物地质环境特征

根据广州海洋地质调查局对广西壮族自治区滨海湿地调查工作结果,广西壮族自治区滨海海水质量总体较差,50.5%的站位为重污染级,主要污染因子为溶解氮、磷酸盐、Pb 和 Zn。受人类活动影响较大的港口湾区水质总体较差,港口、船舶排污是海水污染的主要来源。调查区海岸线附近地下水以 Cl-Na 型为主,大部分区域遭受不同程度的海水入侵,从而导致地下水水质变差。

调查区沉积物有砂质砾石、砾石质砂、砂、砂-粉砂-黏土、粉砂质砂、黏土质砂、砂质粉砂、粉砂、黏土质粉砂、砂质黏土、粉砂质黏土和基岩,粒度参数变化较大。由于人类活动日趋活跃,部分港湾区氮、磷、砷、汞、镉等元素和多环芳烃、有机氯等有机污染物的输入量增加,并存在明显的富集。调查区绝大部分站位表层沉积物中评价指标的含量都在第一类标准之内,仅有少数站位超过一类标准。表层沉积物中重金属总体污染程度系数 Cd 值的范围为 0.06~6.41,平均值为 1.78,为低污染。潜在生态危害系数等级(ERI)范围为 0.64~84.15,平均值为 16.84,总体为低潜在生态危害。

广西壮族自治区滨海湿地区内约有 83.5%的区域为生态地质环境良好区;雷州湾东部、东场湾至角尾湾、海南岛的东部和南部海湾等区域为生态地质环境优等区;钦州湾、南流江口、五里山港、海口市近岸、南渡江口、小海中部东方市外海以及洋浦港外湾等人类活动比较强烈的区域为生态地质环境中等区。海水质量对生态地质环境质量等级影响显著,控制海水污染对总体环境质量的提升具有重要意义。

3.8.3 广西壮族自治区滨海湿地水环境恶化成因分析

3.8.3.1 自然因素影响

影响广西壮族自治区滨海湿地的自然因素中,水动力变化、泥沙淤积及海岸带变化三个因素的影响最突出。

海域水体交换的特殊性导致海湾内泥沙淤积较严重。在茅尾海插排养殖区,一年可以淤积 30cm 以上。由于人类工程活动的影响,淤积现象在内湾及湾口外发生了,泥沙的淤积降低了水位,改变了滨海湿地的分布和结构。而西部海岸侵蚀严重,海滩下部岩石被冲刷露出,海水直逼沿岸防护林,沿岸红树林岌岌可危。

3.8.3.2 湿地资源过度开发

高强度的耙贝与挖沙虫的活动,圈地式的贝类与沙虫养殖,以及伴随的翻地式的采收活动,在一些地方对海草的生长几乎造成了毁灭式的破坏。钦州湾滨岸沼泽短叶植被已极少见到成片出现,仅见单株成团状零散分布。

建造养殖池使海岸的天然屏障红树林、海岸防护林和其他滨海植被遭到部分破坏,降低了海岸的护岸功能。加上虾农大多数采泥土堤坝作为围基,很容易被台风和风暴潮冲垮。池塘还会阻滞地表水流向海洋,特别是建在河道两岸和河口的虾塘,对排洪造成了较大的影响。

广西滨海湿地内人工养殖池面积大大增加,这也造成一些地区土壤的咸化,特别是较高海拔的养殖,被排放的废弃咸水在流向低处的过程中不断下渗,是坡地被咸化的原因之一。被咸化后的土壤植物非常难以生长,而且新开挖虾塘经过4~5年的养殖后即被废弃或改作他用,土地的盐碱化不断延续。

3.8.3.3 沿海资源开发的冲突

广西壮族自治区滨海湿地的生态安全压力过大,主要的原因还是城市化发展和工业化进程给滨海湿地带来的影响,滨海湿地在开发利用中矛盾突出。主要表现在工业、农业、渔业、旅游业等产业和部门出于各自产业发展的需要争抢滨海湿地资源,对湿地的合理开发利用和健康发展产生了一定影响。

广西壮族自治区沿海相关建设工程用海范围不断扩大,建设用地的开发与滨海渔业、旅游用海矛盾日益突出,海洋生态环境保护压力较大。具有重要生态意义的滨海湿地景观迅速减少,湿地生态功能退化。天然湿地破碎化程度加剧。

3.8.3.4 陆源污染

当前,广西壮族自治区已开展了相应的滨海湿地整拾措施,污染物达标排放的比率越来越高,但随着人口压力的加大以及经济的发展,势必产生更大量的污染物,污染的加剧必然会影响到评价体系中的其他指标。广西壮族自治区滨海湿地主要的污染源有港口污水、城市生活污水排放、农业污水排放和养殖污水等。

港口的污水来源包括生活污水、含化学品污水和含油污水等,这些污染物会改变水生生物的生态环境,最终通过食物链成污染物的迁移而影响保护区内其他生物的生存。历年钦州市近岸海域海水环境质量监测结果表明,钦州湾海域以清洁和较清洁为主,轻度污染海域面积有所增加,污染海域主要分布在茅尾海和钦州港,海水中的主要污染物为油类和无机氮。陆源入海排污口超标排放污染物情况严峻,污染累积效应会对滨海湿地造成较大的环境压力。人工养殖池(虾、蟹、文蛤等)排除的废水含有大量的消毒剂、抗生素、环境激素以及残留的料和排泄物等,使近岸水体具有一定的毒性或富营养化,进而危及滨海湿地生态安全。此外,海洋运输过程中的溢油事件以及其他潜在的事故风险同样对滨海湿地生态环境造成了不利的影响。

第4章 南大港湿地概况

　　河北省在很长一段历史时期都是中国的湿地资源大省,辽阔的土地和复杂的地理环境,造就了多种湿地类型。发育的海河水系、连绵的平原湖泊洼地、星罗棋布的坝上湖淖和广阔的沿海雄涂,不仅使河北省成为中国古代文明的发祥地之一,孕育了许多历史文化名城;而且,依托丰富的湿地资源,发展成为中国北方的经济核心地区,蕴育了北京、天津两大国际性中心城市。但是随着人口的增加、经济的发展、城市化进程的加速,特别是根治海河以来的大规模水资源开发,大规模发展灌溉农业和高耗水工业,导致全省湿地面积急剧减少,湿地功能急剧退化。目前,河北省平原地区的河流几乎全部断流,山前地区的泉水几乎全部干涸,滨海地区的湿地大部分退化为盐碱荒地,成片开垦为旱作耕地,坝上地区的湖淖和湿草甸,部分退化为碱滩和盐湖。河北省不仅丧失了湿地大省的地位,而且成为全国湿地面积最小、受干旱缺水威胁最严重的省区之一。脆弱的生态环境和水的严重缺乏,已经成为河北省社会经济发展的重大限制因素,保护和恢复湿地,改善生态环境,防治水荒,已成为河北省人民的一项紧迫任务。

　　南大港湿地是目前河北省少有的得到有效保护而没有消亡的滨海浅湖型沼泽化湿地。南大港湿地和鸟类省级自然保护区位于河北省沧州渤海新区南大港产业园区,是我国著名的退海河流淤积型滨海湿地。保护区生物多样性十分丰富,南大港湿地自然保护区保护区生物多样性十分丰富。南大港自然保护区有植物63科159属237种,脊椎动物共328种,隶属于5纲34目90科,其中硬骨鱼纲9目18科36种;两栖纲1目3科5种;爬行纲1目3科9种;鸟纲18目55科262种;哺乳纲5目11科16种。从脊椎动物种类组成看,鸟类占绝对优势,构成保护区脊椎动物的主体。

　　在保护生物学中更为引人瞩目的是一些珍稀物种及少见物种,南大港自然保护区鸟类组成中,国家Ⅰ级重点保护动物有7种,占总种数的2.7%,包括黑鹳(Ciconia Nigra)、中华秋沙鸭(Mergus squamatus)、金雕(quila chrysaetos)、白肩雕(Aquila heliacal)、丹顶鹤(Grus japonensis)、白鹤(Grus leucogeranus)和大鸨(Otis tarda)。

　　国家Ⅱ级重点保护动物40种,占总种数的15.3%,包括角䴘(Podiceps auritus)、卷羽鹈鹕(Pelecanus crispus)、海鸬鹚(Phalacrocorax pelagicus)白琵鹭(Platalea leucorodia)、黑脸琵鹭(Platalea minor)等。

该保护区地处渤海西海岸,是候鸟南北迁徙的必经之地,也是候鸟东亚-澳大利亚迁徙路线的重要组成部分。每年鸟类迁徙季节,大批的候鸟在此停歇,补充食物和能量,以完成长距离的迁徙。保护区由草甸、沼泽、水体、野生动植物、人工动植物等多种生态要素组成,具有独特的自然景观,并且保护区内人迹罕至、水草茂盛,孕育了丰富的动植物资源,同时保持了较原始状态、环境优美的自然生态系统,因此具有很高的保护价值。

为加强对南大港湿地的水环境污染控制与管理,准确诊断、辨识、管理南大港湿地水体营养物水平和富营养化程度问题,平衡好南大港湿地净化水质、涵养水源、蓄洪防旱、降解污染、调节气候、维持生态平衡、保持生物多样性和珍稀物种资源等,本书将以现有数据及相关标准为依据,在考虑社会、经济和技术等发展状况的基础上,经过综合分析,尝试诊断和辨识南大港湿地水体营养物水平和富营养化进程,以期科学地评判南大港湿地现行水环境标准体系的合理性,明确南大港湿地生态修复的阶段目标,促进南大港湿地水环境风险的综合评估、预防、控制和管理工作。

4.1 南大港湿地自然概况

4.1.1 地理位置

南大港产业园区位于河北省沧州渤海新区南大港产业园区东北方向,渤海湾西岸,东濒渤海,地理坐标北纬38°27′40.02″~38°33′44.07″,东经117°25′3.06″~117°34′13.57″。东至南大港七排干;西至十三排干;南至南排干以北950m处;北至歧河公路。距离南大港城区4.16km,距离黄骅市13km,距离沧州市49km,距离天津市59km,距离北京市165km。保护区总面积7500hm²。

4.1.2 地质地貌

南大港湿地自然保护区地处渤海湾西岸,属于河北平原东部运动滨海平原的一部分,成陆年代较短,地势低洼,起伏不大,总地势由西南向东北倾斜,地面坡降为1/10000~1/8000。

该区域在大地构造上属于中生代以来甚为发育的新华夏系东北向断裂结构的黄骅凹陷区。第四纪以来,新构造运动比较稳定,南大港地区沉积类型受黄河的影响较大,主要有冲积、潟湖沉积、海积、生物堆积和人工堆积等,发育堆积型海岸地貌。冰川后期,由于被沙嘴、离岸沙坝、贝壳堤分割,封闭或半封闭的海域在河流和海流的作用下,填充泥沙,在本区内形成潟湖平原地貌。

保护区整体地貌为古潟湖平原地貌,海拔 0.9~2m,一般高出泛滥洼地 1~2.5m,物质组成以砂为主;其次为古河道地貌,表现为洼地形式,瓣状废弃汊道交错分布,有的地方积水成湿地草滩和芦苇滩;微地貌,大致分为高平地及间隔的岭子地、岗坡地、微斜缓岗地、低洼潮地、槽状洼地和潟湖洼淀。

4.1.3 气候特征

南大港保护区所在区域属于暖温带半湿润大陆性季风气候,受海陆位置和季风环流影响,四季分明。春季干旱多风,夏季炎热多雨,秋季天高气爽,冬季干冷少雪。年平均气温 11.9℃;7 月最高,平均 26.2℃;1 月气温最低平均 -4.6℃,年最高气温 40.8℃,极端最低气温 -19℃。

年平均降水量为 627.6mm,最大降水量 1343.5mm,最小年降水量 247.1mm。降水多集中于 6—8 月,占全年降雨量的 75.3%。年平均蒸发量为 1900.5mm,无霜期 194 天,年平均日照为 2810.1h,最大冻土深度为 520mm。

全年多偏西南风,春季、初夏多西南风,夏季多东风,秋冬多西南风。年平均风速为 3.1m/s,最大风速 22m/s。

4.1.4 水文

南大港产业园区境内河流属海河流域南运河水系,历史上曾是黄河与石碑河流经的地方,该区域主要水系如下。

4.1.4.1 南排河

南排河为排泄黑龙港流域沥水开挖的人工排沥河道。1960 年 4 月开挖,并经几次扩修,起于交河县乔官屯,流经肖家楼、张官屯、七里淀、东关、道安至南大港产业园区,沿南大港产业园区南部由一排入境,自西向东至东排干出境至黄骅市李家堡入海。全长 99.88km,境内长 28.1km,年最大径流量 12.8 亿 m³。总流域面积 89.57 万 hm²,境内流域面积 6.96 万 hm²,汛期两岸沥水泻于此河,为季节性河流。

4.1.4.2 廖家洼排水渠

廖家洼排水渠为沧州运东直接入海排水干流之一。1957 年开挖,几经扩建治理后,西起沧县马庄村东,至七里淀村北到小王庄,绕东关至北关附近高阜地带到北关北,东南行至王槐庄村东,沿南排河向东并行到韩庄,折向北到杨春庄达朱里口干沟,经葛古堂、羊三木南,从南大港产业园区西部老一排干入境,经王徐庄、马营、阎家房子,沿南排河北向东,至东排干出境与南排河并行入海。全长88.4km,境内长29.6km。总流域面积6.74万 hm^2,境内流域面积2.94万 hm^2,为南大港产业园区重要排水渠道。

4.1.4.3 新石碑河

新石碑河位于南大港产业园区南界,境内长24.9km,为与黄骅市城关镇、中捷产业园区界河,此河与南排河并行入海。老石碑河位于南大港产业园区北界,位于黄骅界河,向东至南大港湿地东北出境,于黄骅南排河镇张巨河入海。

保护区内年均径流量2731.1万 m^3,年均径流深93mm。平水年($P=50\%$)径流量为2340.5万 m^3,径流深79.7mm,偏枯年($P=75\%$)径流量为1057.2万 m^3,径流深为36mm,这些径流主要产生在汛期的6、7、8三个月内。南大港湿地地下淡水资源相对贫乏,它是华北地区地下水的主要漏斗区,地下水位平均埋深1.5~2.0m,深层淡水顶板埋深170~250m,从西向东逐步加深。地下水的主要补给来源是大气降水、灌溉回水和河流渗漏给水。

4.1.5 土壤类型

南大港湿地自然保护区的土壤分为潮土、沼泽土、盐土3个土类,6个亚类,18个土种。其中,潮土分为滨海潮土、滨海盐化潮土、滨海沼泽化潮土3个亚类;沼泽土分为滨海盐化草甸沼泽土和滨海潮土化沼泽土两个亚类;盐土分为滨海草甸盐土和滨海盐土两个亚类。保护区以沼泽土和潮土类型为主,土质黏重,有利于保持水分。

4.1.6 生物资源

生态环境的特点决定植被的特点。由于南大港湿地自然保护区生态环境以盐生湿地环境为主,植被类型则以盐生和水生植被为主,湿地内植物包括浮游植物、水生维管束植物、陆生植物。湿地保护区植物分布差异明显。盐生植被主要分布于湿地南部盐渍化严重区域,地势低平,土壤含盐量高,主要组成植物有碱蓬、柽柳、芦苇等盐生植物。水生植被主要分布于河流、沟渠两岸和人工库塘中,地势低平,长期存有积水,含盐量相对较低,主要有以狐尾藻、金鱼藻为主的沉水水生植被,以浮萍为主的浮水水生植被,以芦苇、香蒲为主的挺水植物。另外,在堤岸、沟渠、河流沿岸等地方,土壤含盐量相对较低,大多在0.4%以下,还分布有陆生植被,木本以洋槐和紫穗槐为主,草本则以白茅、獐茅、蒿类为主。现已发现有野菱、野大豆、莲、银杏4种国家Ⅱ类重点保护区植物。

据观测统计,南大港湿地自然保护区共有脊椎动物 328 种,其中水生动物 20 余种,包括轮虫类、枝角类、桡足类、水生昆虫、虾类、鱼类;陆生动物有中华大蟾蜍、黑斑蛙、豹猫、刺猬、白鼠、青鼬、狗獾、黄鼬、草兔、蝙蝠、蛇等。湿地国家一级保护鸟类观测到的有 4 种,分别是:白鹳、黑鹳、白肩雕、丹顶鹤(资料记载还有另外 4 种,包括头鹤、白鹤、中华秋沙鸭、大鸨);国家二级保护鸟类 21 种,国家保护的、有益的或有重要的经济、科研价值的野生鸟类 125 种,再加上该区位于潮上带,是候鸟迁徙必经之地和交汇点,区内共发现鸟类 168 种。南大港自然保护区不仅是我国重点保护鸟类的重要栖息地,而且也是执行双边和多边国际候鸟保护协定的关键地区。

4.2 南大港湿地经济和社会概况

4.2.1 行政管理

南大港湿地所在的南大港产业园区面积 296km^2,前身是省属国营农场。1958 年 12 月,由国务院批准成立,定位县处级,隶属沧州地区行政公署。1962 年起直属河北省农垦局,2003 年适应河北省体制改革的要求,执行属地管理,建立沧州市南大港管理区。2007 年 7 月,随着沧州渤海新区的成立更名为沧州渤海新区南大港产业园区,下辖 3 个分区和 1 个城区办事处,是河北省首批全域旅游示范区创建单位之一。

4.2.2 交通区位

南大港产业园区内路网四通八达,东临海防公路、沿海高速公路,西接 205 国道、津汕高速公路和黄万铁路,南近南滕公路、307 国道、石黄高速公路和朔黄铁路,北倚 337 国道、曲港高速公路,交通优势十分优越。

南大港湿地外部设置有 5m 宽的巡护水泥路 35km;在南大港湿地内部设有 5m 宽的水泥路 16km(其中保护区入口处约 8km),还有 5m 宽的土路 20km,基本能够满足保护区正常巡护和管理、物资运输。

4.2.3 地方经济

2019 年,南大港产业园区地区生产总值同比增长 8%;固定资产投资同比增长 8.5%;规模以上工业增加值同比增长 27.3%;全部财政收入同比增长 15.6%;一般公共预算收入同比增长 25%,经济保持稳定增长,发展质量稳步提升。

南大港产业园区深入实施乡村振兴战略,以"农业强,农村美,农民富"为目标,坚持顶层设计,高标准实施,全力推动马营示范区、扣村示范区、孔家庄示范区、八大队示范区、六大队和三分区驻地示范区等现代化新型农村示范区建设工作。

南大港产业园区着力打造高新技术产业集群、稳步推进高端智能装备制造项目、努力打造高端科技人才技术研发平台,形成了东兴工业区、高新技术工业聚集区,积极对接京津,开展招商引资活动,成果丰硕。2019 年,全区完成签约项目 72 个,总投资 192 亿元;开工项目 40 个,总投资 102 亿元;竣工项目 10 个,总投资 15.5 亿元。

同时,园区加快经济转型和结构调整的步伐,牢固树立和践行创新、协调、绿色、开放、共享的新发展理念,以大项目为支撑,促进要素优化,推动资源整合,全力打造农业发展平台、工业发展平台及文化旅游平台三大产业发展平台。

4.3 南大港湿地气候和水文环境

南大港湿地自然保护区临近渤海,气候属东部季风区暖温带半湿润地区,大陆性季风特征明显,四季分明。冬季寒冷少雪;春季天气多变、少雨多风;夏季炎热多雨;秋季天气晴朗、昼暖夜凉。

4.3.1 日照

全年日照时数平均为 2801.1h,日照率为 64%,年内日照分配以 5、6 月最多,7、8 月由于进入雨季,受阴雨天气的影响,日照强度和日照时数相对减少,平均为 243.1h 和 241.5h,12 月日照时数最少,为 189.5h。太阳辐射资源比较丰富,年总量达 130.81 千卡/m²,4—6 月空气干燥,大气透明度好,日照时数长,太阳辐射较强,平均日总量为 492 卡/cm²,其中 5 月多达 533 卡/cm²。

4.3.2 气温

南大港湿地自然保护区多年平均气温 12.1℃,比内陆同纬度地区偏低 0.3~0.9℃。湿地由于常年或季节性积水,其物理性状与陆面不同,故对局地气候有明显的调节作用,具有"夏凉冬暖"的特点。南大港地区夏季平均最高温度,比同纬度内陆地区偏低 1℃,冬季平均最低温度则偏高 1℃以上。

常年最冷月为 1 月,平均温度 -4.50℃,冬季温度低于 -10℃的严寒天数,每年平均 23 天,最多的年份 47 天。严寒天数多集中在 12 月中旬到 2 月上旬。极端最低温度为 -19℃(1980 年)。

常年最热月为 7 月,平均温度 26.4℃。夏季温度≥35℃的高温天数,年平均 10 天,最多的年份 31 天。高温天数出现在 5 月中旬到 8 月下旬。极端最高温度

40.8℃(1961年)。

大于等于0℃的年积温4710.1℃,大于等于10℃的年积温是4288.6℃,大于等于15℃的年积温是3775.0℃,多年农业气候指标气温统计表见表2-7。多年平均无霜期194d,初霜期平均为10月14日,终霜期为4月26日。

初霜期平均为10月14日,终霜期为4月26日,无霜期年均194天,南大港保护区的气温日较差年平均为10.7℃。年中各月以4—6月气温日较差最大,在12.3~13.0℃之间;7—8月气温日较差较少,为8.3~8.6℃。

4.3.3 降水

南大港湿地自然保护区域年降水量变化较大,年平均降水量为642.5mm,最多年份降水量为1343mm(1964年),最少年降水量为247.1mm(1968年),二者相差1095.9mm,平均相对变化率高达25%,因此,出现旱涝的年份较多。

由于受季风交替的影响,年内各季节降水量分配很不均匀,夏季平均降水量为482.1mm,占全年降水量的75%;秋季降水量为83.6mm,占全年降水量的13%;春季降水量为61.7mm,占全年降水量的9.6%;冬季降水量为15.1mm,占全年降水量的2.4%。

全年降水日数平均69天,雨日的季节分布和雨量一致,日雨量大于等于50mm的暴雨日数每年平均3天,最多的年份8天。24h最大降雨量286.8mm(1971年7月25日7时至7月26日7时),最长连续降雨日数10天(1960年7月28日至8月6日)。

降水量的变化程度多用降水变率表示,保护区的降水变率为25%,年内的降水变率以春季最大,说明春旱频繁;夏季降水变率最小,说明降水集中,年间变化较小,暴雨较多,强度较大,常有涝害发生;秋季降水变率稍大于夏季;冬季降水变率较大,仅次于春季,说明冬季降雪较少,而年际变化较大。

4.3.4 蒸发

南大港湿地自然保护区年平均蒸发量为2100.0mm,变化范围在1920.0~2400.0mm,蒸发量以4—6月最大,为220~340mm,以12—次年2月份最小,只有40~60mm。年蒸发量要远远大于年平均降水量,大约为降水量的3.5倍。

4.3.5 地表水

南大港湿地自然保护区位于渤海之滨,地表水系属于海河水系,历史上曾是黄河和石碑河流经的地方。根据沧州市水利区划办公室下发的《径流等值线成果图》,保护区内年均径流量 2731.1 万 m³,年均径流深 93mm。平水年($P=50\%$)径流量为 2340.5 万 m³,径流深 79.7mm,偏枯年($P=75\%$)径流量为 1057.2 万 m³,径流深为 36mm,这些径流主要产生在汛期的 6、7、8 三个月内,其中少部分径流经闫家房子扬水站和水产公司扬水站进入南大港水库,其余大部分径流无法利用,经南排河、新石碑河、廖家洼排干流入渤海,保护区平均每年可以蓄水 1865 万 m³。南大港水库是一个洼地水库,围堤长 36km,堤顶高 5.9m(大沽高程),蓄水面积 6113hm²,设计最大蓄水能力 7800 万 m³。但由于蓄水来源无保证,每年的蓄水状况变化较大。

4.3.6 地下水

南大港湿地自然保护区地下淡水资源相对贫乏。它是华北地区地下水的主要漏斗区,地下水位平均埋深 1.5~2.0m,深层淡水顶板在 170~250m,从西向东逐步加深。地下水第一、二层为咸水,含盐量在 15~40g/L。淡水层在 250~600m 之间,含盐量 1.1~2.0g/L,其中第三层(250~320m)淡水储量为 1.2867 亿 m³,第四层(320~420m)淡水储量为 1.6892 亿 m³。据 2002—2012 年统计,低水位期(6 月份)平均水位在 48.28m,年变幅在 41.62~51.60m;高水位期(12 月)平均水位 41.75m,水位变化幅度在 39.98~50.52m。

地下水的主要补给来源是大气降水、灌溉回水和河流渗漏给水。其径流特征除由古河道砂层富集带分布控制外,还在很大程度上受地形的控制。本区域地下水的排泄方式,主要是蒸发排泄和向三条主要河道的渗漏排泄。

4.3.7 客水

南大港湿地自然保护区有南排河、新石碑河、廖家洼排干 3 条过境河流,捷递碱河虽不在境内,但也是引用客水的一个水源。

南排河是黑龙港流域的排水河道,只在汛期有水,其他时间无水。为利用这一水源,1969 年黄骅县、南大港农场、中捷农场联合修建了扣村节制闸,后因水源条件变化,便河道下游淤积严重,影响防汛排涝,于 1981 年 7 月炸毁拆除。自 1974 年到 1985 年共 12 年的时间内,南大港湿地累计引蓄南排河水量 7000 万 m³,年均引蓄量 583.33 万 m³,1992 年在原闸址附近重建朱庄节制闸,对大港湿地拦蓄汛期雨水和引蓄黄河水起到了关键作用。

廖家洼排干,一般只在大雨或暴雨时有客水,平时无淡水,汛期才会有淡水。据河北省水文总站调查测定,廖家洼排干的淡水过境量年平均为 4500 万 m³,过去因缺少节制措施和工程,无法拦蓄利用,白白流失。1998 年南大港农场投资修建了廖家洼排干防潮闸,设计蓄水位 1m(黄海高程),拦蓄水量 1000 万 m³,为保护区湿地汛期蓄水创造了条件。

捷地碱河是南运河的泻洪河道,虽不流经保护区,但通过一条长 9.5km、设计流量 30m³/s 的引渠与保护区相通,是保护区引蓄客水的通道之一。据统计,从 1974 年到 1986 年,通过该区共引蓄水 1.4 亿 m³,平均年引水 1166.67 万 m³。近些年,保护区也通过捷地碱河引蓄了大量淡水资源,在平水年与以前年份相比变化不大。

4.4　南大港湿地水环境现状

如图 4-1~图 4-5 所示为南大港湿地自然保护区近年水质情况。

如图 4-1 所示,监测期内南大港湿地各场 COD_{Cr} 的数值均超过 20mg/L 的地表Ⅲ类水管理要求,并已超过 30mg/L 地表Ⅳ类水标准限值。其中,一场及二、五场的 COD 数值明显优于三、四场。

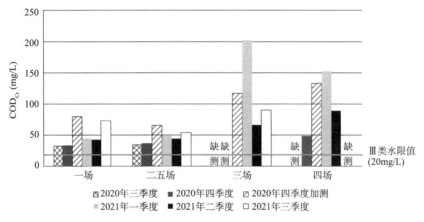

图 4-1　湿地各区域 COD_{Cr} 变化情况

如图 4-2 所示为湿地各区域 COD_{Mn} 随时间变化情况。监测期内南大港湿地各场 COD_{Mn} 的数值均超过 6mg/L 的地表Ⅲ类水管理要求,并已超过 10mg/L 地表Ⅳ类水标准限值。其中,一场及二、五场的 COD 数值明显优于三、四场。

如图 4-3 所示为湿地各区域 NH_3-N 随时间变化情况。监测期内南大港湿地各场 NH_3-N 的数值差距较为明显,其中,一场监测期内氨氮数值随时间变化有所升高,这可能与一场周边土地开发利用程度较高、紧靠露营地、外来污染源随降雨径流流入湿地有关。二、五场在监测期内 NH_3-N 有明显下降,尤其是 2021 年引水后,氨氮降低至 0.74mg/L,为各区域最低,这可能与该区域当年补水量较高,以及二、五场水域面积较大、生态系统协调能力更高有关。三、四场氨氮依然维持在较高水平,则与生态补水确实有较大关联。综上所述,在具有较充足的生态基流的保障条件下,湿地可在一定程度上维持较低的 NH_3-N 水平,满足地表Ⅲ类水管理要求。

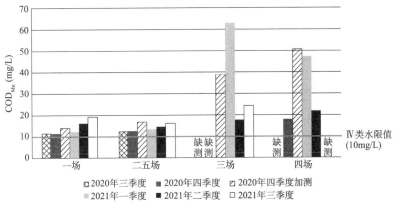

图 4-2 湿地各区域 COD_{Mn} 变化情况

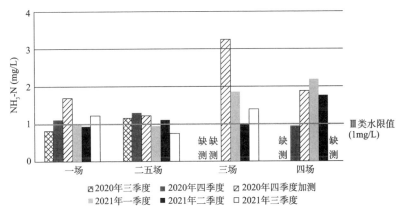

图 4-3 湿地各区域 NH_3-N 变化情况

如图 4-4 所示为湿地各区域 TN 随时间变化情况。监测期内南大港湿地各场 TN 的数值差距较为明显,其中,各场监测期内 TN 均呈周期性变化,呈现春夏季低于秋冬季的规律,这与气候变化影响正相关。湿地中的有机物质及氮主要依靠微生物的生命代谢活动去除,秋冬季的低温环境使湿地中的微生物活性降低甚至死亡,对水体的净化作用降低。硝化细菌和反硝化细菌活性受温度影响较大,据研究表明,硝化速率在10℃以下受抑制,在 6℃以下迅速下降,在 4℃以下停止工作。反硝化细菌在 15℃以下反应速率迅速下降。秋冬季节,硝化及反硝化反应过程受阻,同时由于冬季大量湿地植物死亡,造成湿地系统氧气量不足等,从而造成 TN 的去除率降低。

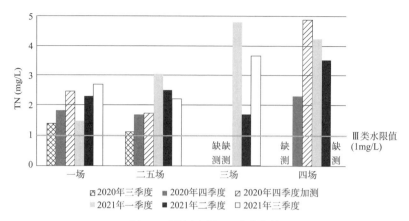

图 4-4 湿地各区域 TN 变化情况

但监测期内各场 TN 总氮均超过地表Ⅲ类水管理要求,尤其是生态补水不足的三场及四场,TN 甚至已经远高于 2.0mg/L 的地表 V 类水水质标准限值。

如图 4-5 所示为湿地各区域 TP 随时间变化情况。监测期内南大港湿地各场 TP 的数值差距较为明显,但基本可满足地表Ⅲ类水管理要求。2020 年第一季度三场 TP 突然升高可能与沉积物及春季气温回升导致植物腐烂有关。但总体上看,在具有较充足的生态基流的保障条件下,湿地可在一定程度上维持较低的 TP 水平,满足地表Ⅲ类水管理要求。

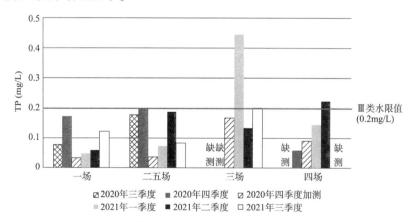

图 4-5 湿地各区域 TP 变化情况

综上所述,南大港湿地目前水环境质量,尚与地表Ⅲ类水管理要求有一定差距,其中主要超标因子为 COD、NH_3-N 及 TN,超标原因可能与湿地用水供求矛盾、径流污染、水动力条件不足等因素有关。

第5章 南大港湿地水环境评估分析

5.1 南大港湿地类型及面积

1956年,在"以蓄为主,发展水田"的方针指导下,南大港水库历时两年完成了修建工作。1972年,利用原南大港水库的一段围堤,重新修建了目前的南大港水库。自建库以来,水库常年存蓄大量雨水和洪水资源,因水库蓄水深度较浅,很适宜水生植物的生长繁衍,很快在库区内形成了以芦苇、盐地碱蓬等水生和沼生为主的湿地。虽然南大港湿地是以南大港水库为主,但其实际形态更接近于自然湿地中的沼泽湿地。由于近年来水量不足,沼泽化特征愈发明显,芦苇等湿地植物大量生长,为水鸟的栖息繁殖提供了更大空间,也使得南大港湿地成为一块真正意义上的典型湿地生态系统。

根据南大港湿地自然保护区的现状、《湿地公约》分类系统以及《全国湿地资源调查与监测技术规程》,确定了南大港保护区湿地分类框架,共分为2大类5个型,即沼泽湿地和人工湿地。其中沼泽湿地又分为芦苇沼泽、坑塘沼泽、盐地碱蓬沼泽;人工湿地可进一步细分为水渠和鱼塘。

根据2014年调查统计,保护区现有的湿地总面积为5275.36hm^2,占保护区总面积的70.34%。其中沼泽湿地面积为5005.28hm^2,占保护区湿地总面积的94.88%;人工湿地面积为270.08hm^2,占保护区湿地总面积的5.12%。见表5-1。

南大港湿地自然保护区湿地面积及其所占比例一览表　　表5-1

湿地类	湿地型	面积(hm^2)	比例(%)
沼泽湿地	芦苇沼泽	4202.47	79.66
	坑塘沼泽	446.51	8.46
	盐地碱蓬沼泽	356.3	6.75
人工湿地	鱼塘	75.2	1.43
	水渠	194.88	3.69
总计		5275.36	100.00

5.2 南大港湿地面积演变分析

根据相关资料,自 1996—2012 年南大港滨海湿地的演变经历了面积由大到小、水量由多变少、由湖及泽、由泽及陆、由自然洼地变为人工控制洼池的过程。43 年间,南大港滨海湿地总面积不断增加,至 2012 年已增加到 $4.49 \times 10^4 \mathrm{hm}^2$,但天然湿地的面积由 1969 年的 $4.34 \times 10^4 \mathrm{hm}^2$ 减少到了 2012 年的 $2.73 \times 10^4 \mathrm{hm}^2$,减少了 37.22%,如表 5-2 所示。

40 年间南大港滨海湿地面积统计(单位:hm^2)　　表 5-2

湿地类型		1969 年	1979 年	1989 年	1999 年	2009 年	2012 年
天然湿地	浅海水域	2.33×10^4	2.31×10^4	1.94×10^4	1.94×10^4	1.94×10^4	1.94×10^4
	岩石海岸	0	0	0	0	0	0
	沙石海滩	0	0	0	0	0	0
	淤泥质海滩	5615	5348	8949	7846	7175	6612
	海岸潟湖	0	0	0	0	0	0
	天然河流	91	87	791	751	57	75
	天然湖沼	1.44×10^4	707	990	922	1030	1162
	小计	4.34×10^4	2.92×10^4	2.94×10^4	2.82×10^4	2.77×10^4	2.73×10^4
人工湿地	水库和坑塘	0	8686	8479	8110	8110	8110
	海水养殖场	0	0	2491	4150	4910	5474
	人工沟渠	331	410	461	673	454	454
	盐田	0	0	544	3742	3652	3652
	稻田	0	0	0	0	0	0
	小计	331	9096	1.20×10^4	1.67×10^4	1.712×10^4	1.77×10^4
合计		4.37×10^4	3.83×10^4	4.14×10^4	4.49×10^4	4.48×10^4	4.49×10^4

面积可以作为湿地退化的重要标准之一,但面积作为湿地退化的标准,应根据实际情况具体分析。从上表可以发现,在面积变化的天然湿地类型中,天然湖沼和浅海海域面积的减少最为显著,天然湖沼由 1969 年的 $1.44 \times 10^4 \mathrm{hm}^2$ 减少到 2012 年的 $1162 \mathrm{hm}^2$,减少了 91.94%,浅海水域由 1969 年的 $2.33 \times 10^4 \mathrm{hm}^2$ 减少到 2012 年的 $1.94 \times 10^4 \mathrm{hm}^2$,减少了 16.69%;43 年间,人工湿地面积由 $331 \mathrm{hm}^2$ 增加到 $1.77 \times$

$10^4 hm^2$,增加了 $1.74×10^4 hm^2$,年均变化 $404 hm^2$。其中,海水养殖场面积增加量最为显著,1969 年尚无此种类型,直到 1989 年才出现,到 2012 年已围垦到 $5474 hm^2$,增加了 $2982 hm^2$。水库和坑塘湿地面积增加到 $8110 hm^2$,增长了 93.37%。

1979—2012 年南大港滨海湿地的结构和总面积发生了很多变化。水库蓄水面积逐渐萎缩,海水养殖场和盐田等人工湿地面积逐渐增多。在此期间,南大港滨海湿地总体面积由 1979 年的 $3.83×10^4 hm^2$,增至 2012 年的 $4.49×10^4 hm^2$,增长 17.23%。主要来自人工湿地面积的增加。20 世纪 80 年代以来,随着上游地区地表水截留设施的增加,水源补给量不断减少。加上气候持续干旱,入境河流几乎断流,作为南大港湿地补给水源的两条主要河流捷地减河、南排河除汛期有部分径流外,大部分时间干枯断流,湿地处于缺水状态,进一步加重了湿地的萎缩退化。1990 年后,南大港湿地是在人为干预下发展的,南大港农场对湿地采取一些有效的保护措施——建设各种水利设施,加强湿地拦蓄工程建设,又跨流域引黄河水等水源入南大港湿地,努力保存南大港湿地,南大港湿地逐渐变为人工控制湿地。

5.3 南大港湿地退化与关联因子分析

湿地的退化因子从大的方面可以划分为自然因子和社会经济因子。前者属于自然环境因素,如气候变化、地质环境改变等;后者属于人类活动,如围湖造田、开采地下水、沿海滩涂改建为盐场和水产养殖基地等。

自然因素对南大港湿地的影响主要体现在气候变暖所导致的温度升高、蒸发量增大、降水减少等方面,与人类活动对湿地的影响相比,自然因素对湿地退化的影响途径较为单一,选取的自然因子主要包括:区域年平均气温、年降水量、地表水资源量和地下水资源量 4 项因子。

影响湿地退化的社会经济因子类型众多,且不同类型的湿地的社会经济因子也存在一定的差异,为了使选取的社会经济因子具有代表性,并且便于不同湿地之间的对比,选取的社会经济因子包括:区域总人口、总播种面积、粮食产量、水产品产量、地下水开采量及总用水量 6 项因子。南大港湿地影响因子和关联度系数见表 5-3。

南大港湿地影响因子和关联度系数　　　　表 5-3

项目	2000 年	2005 年	2010 年	关联度系数
水域面积(km^2)	105.75	80.43	54.87	1
总播种面积(km^2)	697	770.01	860.26	0.6020

续上表

项目	2000年	2005年	2010年	关联度系数
粮食产量(10^4 t)	8	16.4524	30.5944	0.4314
水产品产量(t)	85552	83966	79615	0.6816
总人口(万人)	48.3121	41.7	45.4	0.7344
年平均气温(℃)	13.1	13.2	12.6	0.6665
年降水量($10^8 m^3$)	136.04	103.32	113.13	0.8369
地表水资源量($10^8 m^3$)	1.98	1.33	4.64	0.6472
地下水资源量($10^8 m^3$)	12.16	10.94	11.22	0.7180
地下水开采量($10^8 m^3$)	24.1994	24.3391	24.0438	0.6615
总用水量($10^8 m^3$)	29.5869	28.591	29.4517	0.6753

在影响湿地退化的因子中,排名前三位的影响因子分别是年降水量(0.8369)、总人口数(0.7344)和地下水资源量(0.7180),自然因子年降水量和地下水资源量位列第1、3位,说明自然因子是南大港湿地退化的主导因子,社会经济因子属于次要因子。

5.3.1 社会经济因子对南大港湿地退化的影响

5.3.1.1 用水量对湿地的影响

人口的膨胀和社会经济的发展使河北省用水总量激增,造成当前省内的地表水和地下水资源均处于过度开发的现象,大量的水资源作为生产生活用水使用,只有很少的一部分水资源作为生态环境用水,2010年生态环境用水量仅占全省总用水量的1.48%,在水资源日益短缺而人类用水量日益增长的情况下,湿地已经难以获得足够的水源维持自身生态系统的运转,湿地的退化也就不可避免。

目前,河北省每年用水量达到$220 \times 10^8 m^3$,而地表水和地下水每年能够提供的水量为$160 \times 10^8 m^3$,水资源缺口为$60 \times 10^8 m^3$,河北省的河川径流利用率超过了90%,这一数据显示当前河北省对于地表水的开采利用率已经达到极限。对于河川径流的过度开发造成省内地表径流大多干涸,严重削弱了河流对湿地的补给能力。

同时,河北省为了填补巨大的水资源缺口,所能采取的主要措施是超采地下水,2010年河北省的地下水用量达到了$156.0173 \times 10^8 m^3$,占全省总用水量的80.44%,造成省内地下水位迅速下降,产生大量地下水漏斗,不但使湿地无法在地表水资源短缺的时候从地下水获得补给,反而使湿地蓄水渗漏补给地下水,加速了湿地水域面积的缩小。

1958年南大港水库总库容$4\times10^8 m^3$,1965年受到南大港油田建设开发等人类活动的影响,造成南大港水库完全干涸。后于1972年在原南大港水库范围内兴建了现在的南大港水库,但是现有水库与1958年的水库相比,水域面积已经大为缩小。

5.3.1.2 社会生产活动对湿地的影响

2010年河北省的地区生产总值在全国位列第五,农业生产总值达到2000×10^8元以上,占地区生产总值的9.8%以上。虽然河北省的经济建设取得了巨大的成就,但是不可忽视的是河北省经济的发展是以资源的高消耗为代价换来的。

(1) 兴建水利设施

大规模水利工程的建设对湿地生态系统产生了严重不利的影响:大量水利工程设施在确保湖泊、河流及河口水域面积相对稳定的同时,也给湿地生态系统结构和功能、生物多样性造成了相当的破坏,使湿地蓄水量减少,水域面积下降,使湿地发生由水及泽、由泽及陆的变化;堤坝、水库、涵闸等设施的修建便于人们在湿地附近滩涂垦殖等活动的进行,而滩涂围垦造成的直接后果就是减少了生物栖息地,破坏了当地动物的索饵场和产卵、繁殖场,河流、湖口堤闸的建设形成水域阻隔,使湿地溯河洄游性鱼类消失,造成生物多样性降低、遗传多样性丧失等一系列后果。

(2) 围垦湿地

围垦湿地虽然增加了耕地的面积,但也给人类的生活带来了消极的后果和影响。围垦湿地导致湿地所能够容蓄的最大水量减小,降低湿地抵御洪水和应对干旱的能力。湿地滩涂水面消失加速了鱼类等水生生物种类和数量的减少,使湿地水禽丧失栖息、觅食产所,影响生物群落结构的多样性和稳定性;旅游业和水产养殖业虽然可以促进当地经济发展,但是如果操作不当也会对湿地造成破坏,如干扰湿地内动物的生活、水体污染等。

(3) 不合理的渔业生产方式

不合理的渔业生产方式,例如滥捕乱捞、超过湿地所能承受的水产养殖能力等,导致湿地动物资源退化、物种种类和数量同时下降、水产品质量下降等后果,而大量投放养殖饲料,不但造成湿地水生植物种类减少,同时水生植物的腐败和养殖鱼类的粪便等废物的排放,造成湿地水体的严重富营养化。

根据遥感图像数据显示,1980年与2010年相比,南大港湿地自然水面减少了41.77%,晒盐场和人工鱼塘面积增加了近70.36%。大量天然湿地被改造为人工湿地,造成湿地生物多样性的减少,生态系统结构的破坏,加速了湿地的退化。

(4) 水体污染

人类活动使南大港湿地各区域受到不同程度的污染,个别地区的污染甚至极为严重。湿地污染主要包括人类活动产生的工业和生活污水,在没有达到排放标准的情况下就排入湿地,造成湿地水体污染、水质下降,削弱了湿地的自净能力。南大港湿地的主要污染物为COD类、氮类等物质,湿地富营养化现象较为严重。

5.3.2 自然因子对河北省自然湿地退化的影响

目前,气候暖干化所造成的气温升高、降水减少等自然条件的改变是河北省重要自然湿地退化的主要自然因子。

自20世纪50年代以来,华北地区的气候暖干化现象十分严重,1950—2000年每十年气温上升0.216℃,20世纪90年代的降水量比50年代减少了77.4mm。大气降水不但是地表自产水资源量的决定因素,统计数据显示二者的相关系数为0.9,同时也是地下水的重要补给来源。20世纪50~80年代,由于年降水量减少明显,地表水资源量也呈现明显的下降趋势,进入20世纪90年后河北省降水量有所提高,与之相对应的地表水资源量有所提高,但是与20世纪50年代相比依然减少了$51 \times 10^8 m^3$。进入21世纪后,河北省水资源依然严重不足,2000年河北省水资源总量为$144.37 \times 10^8 m^3$,2010年为$137.81 \times 10^8 m^3$,均少于$204.69 \times 10^8 m^3$的多年平均值,而2006—2007连续两年河北省水资源总量分别为$107.34 \times 10^8 m^3$和$119.87 \times 10^8 m^3$,甚至不到多年平均水资源量的60%,由于水资源总量匮乏,加之农业、工业和生活用水量占用了大量的水资源,造成生态用水量在总用水量中所占的比重极少,2006年、2007年的比重仅为0.6%,2010年虽然有所增加,但是也仅为总用水量的1.48%,水资源总量的减少和用于湿地补给水量的匮乏进一步加速了湿地的退化。

气候的干旱不但造成大气降水减少,水资源总量下降,同时造成湿地上游河道逐渐干涸。20世纪50年代,河北省处于丰水期,1953—1956年更是连续四年发生洪涝灾害,子牙河-滏阳河、卫运河、蓟运河、北运河等河流水量充足,湿地可以从上游河流获得足够的补给水源。而进入20世纪60年代后,特别是1965年大旱之后,河北省内的河流逐渐干涸。20世纪60年代,省内河道的平均干涸长度仅为600km,到了2000年省内河道的平均干涸长度已经达到了1916km,2003年河北省除南运河上游各支流为平水外,其余河流多为枯水和偏枯状态,2005年除南运河水系各河、子牙河水系泜河和沙河为平水外,其余河流多为偏枯或枯水状态,河流的枯竭干涸使湿地从河川径流处获得的补给水源大大下降。

第5章 南大港湿地水环境评估分析

20 世纪 50 年代,南大港水域面积为 210km²,60 年代下降到 105km²,70 年代减为 61.8km²,2000 年为 55.3km²,现有湿地面积不足 50 年代的 1/4。由于缺乏水源,湿地蓄水量由最初的 $4\times10^8 m^3$ 下降到 1972 年的 $0.78\times10^8 m^3$,2002 年湿地蓄水量仅有 $0.2\times10^8 m^3$。

气候暖干化造成这一地区气温升高、降水量减少,造成地表水和地下水资源量减少,加速了湿地的退化。根据南大港湿地所属的沧州地区 6 个气象站(沧州、黄骅、吴桥、青县、河间、泊头)的气候观测数据,南大港湿地年平均气温呈现不断上升的趋势,20 世纪 60 年代,南大港湿地年平均气温为 11.9℃,到 20 世纪 90 年代该地区年平均气温已达到 12.95℃,30 年的时间里年平均气温升高了 1℃以上。与气温升高相反,这一地区的年降水量呈现明显的下降趋势,1994—2003 年的年平均降水量比 1954—1963 年减少约 94mm,比 1964—1973 年减少约 150mm,沧州市 2000 年的年降水量为 490.2mm,2005 年的年降水量减为 471.1mm,与降水量的减少相对应的是地表水和地下水资源量的下降,2000 年地表水资源量为 $1.98\times10^8 m^3$,地下水资源量为 $12.16\times10^8 m^3$,2005 年地表水资源量下降为 $1.33\times10^8 m^3$,地下水资源量下降为 $10.94\times10^8 m^3$,分别减少了 48.87% 和 11.15%,水资源的不足加速了湿地的退化。

5.4 南大港湿地水环境质量评价与分析

5.4.1 单因子指数法评价结果

单因子指数法是以《地表水环境质量标准》(GB 3838—2002)规定的水质类别为标准,从单项水质指标入手,算出其超标倍数,计算公式为:

$$P_i = \frac{C_i}{S_i}$$

式中:P_i——第 i 种水质指标的单因子指数;

C_i——第 i 种水质指标的实测浓度;

S_i——第 i 种水质指标的评价标准值。

该方法概念明确、计算简单,通过水质监测数据可以直观体现出水质指标污染程度,然后计算单个污染因子的超标指数,并将计算结果中最差的指标评价级别作为整体水质的评价等级。单因子指数法应用于水质评价时一定程度上不能反映出水体的整体水质,因此一般与其他方法结合使用才能发挥其效益。

选择 TN、TP、COD_{Mn}、COD_{Cr}、NH_3-N 进行水质评价。目前,沧州市暂将南大港

湿地水质规划为《地表水环境质量标准》(GB 3838—2002)中的Ⅲ类水体,因此以Ⅲ类水体的水质标准作为评价标准,评价结果见表5-4。

单因子指数法评价结果　　　　　　　　　　　　表5-4

采样位置	单因子指数				
	COD_{Cr}	COD_{Mn}	$NH_3\text{-}N$	TN	TP
一场	2.57	2.32	1.13	2.03	0.43
二五场	2.38	2.35	1.09	2.05	0.63
三场	5.96	5.99	1.87	3.38	1.19
四场	5.30	5.75	1.70	3.74	0.65

由表5-4可知,除总磷外,全部监测因子均已超过《地表水环境质量标准》(GB 3838—2002)中Ⅲ类水体的标准值;总氮的超标倍数为2.03~3.74,COD_{Cr}的超标倍数为2.57~5.96,COD_{Mn}的超标倍数为2.32~5.99,总氮的超标倍数为2.03~3.74,$NH_3\text{-}N$的超标倍数为1.09~1.87。COD_{Cr}、COD_{Mn}、总氮、$NH_3\text{-}N$的最大超标倍数分别为5.96、5.99、3.74和1.87,均出现在三场采样点,可能与该场底泥污染物含量较高、水动力不足及生态需水量无法保障有关。TP仅在三场采样点超标,超标倍数为1.19,其余都达到Ⅲ类水质标准。因此,主南大港湿地的主要污染物为COD及氮。

5.4.2　综合污染指数法评价

综合污染指数是评价水环境质量的一种重要方法,计算公式为:

$$P_j = \frac{1}{n}\sum_{i=1}^{n} P_i$$

式中:P_j——综合污染指数均值;

n——评价指标数量;

P_i——第i种水质指标的单因子指数。

当$P_j \leq 0.2$,水质判定为清洁;$0.2 < P_j \leq 0.4$,水质为尚清洁;$0.4 < P_j \leq 0.7$,水质为轻污染;$0.7 < P_j \leq 1.0$,水质为中污染;$1.0 < P_j \leq 2.0$,水质为重污染;$P_j > 2.0$,水质为严重污染。

南大港湿地水质的综合污染指数评价结果见表5-5,其变化范围为1.70~3.68,最高值3.68出现在三场采样点,其次是四场采样点,综合污染指数分别为3.68和3.43,均属严重污染,主要是因为湿地的蓄水量远远小于湿地所需的最小生态需水量。其余监测点数值虽有所降低,但依然大于1.0。评价结果反映了南大港湿地水质整体呈重、严重污染状况。

综合污染指数法评价结果　　　表 5-5

采样位置	单因子指数					P_j	水质状况
	COD_{Cr}	COD_{Mn}	NH_3-N	TN	TP		
一场	2.57	2.32	1.13	2.03	0.43	1.70	重污染
二五场	2.38	2.35	1.09	2.05	0.63	1.70	重污染
三场	5.96	5.99	1.87	3.38	1.19	3.68	严重污染
四场	5.30	5.75	1.70	3.74	0.65	3.43	严重污染

5.4.3　综合营养状态指数法评价

综合营养状态指数法是根据中国环境监测总站制定的《湖泊(水库)富营养化评价方法及分级技术规定》,对湖泊富营养化状态进行综合评价的方法。选取COD_{Mn}、TN、TP这3个与富营养状态变化最为密切的参数,其计算公式为:

$$TLI = \sum_{j=1}^{m} W_j \cdot TLI(j)$$

$$W_j = \frac{r_{ij}^2}{\sum_{j=1}^{m} r_{ij}^2}$$

式中:TLI——综合营养状态指数;

W_j——第j种参数的营养状态指数的相关权重;

$TLI(j)$——第j种参数的营养状态指数。

各参数的富营养状态指数计算公式如下所示:

$$TLI(TN) = 10 \times (5.453 + 1.694\ln TN)$$
$$TLI(TP) = 10 \times (9.436 + 1.624\ln TP)$$
$$TLI(COD_{Mn}) = 10 \times (0.109 + 2.66\ln COD_{Mn})$$

式中:r_{ij}——第j种参数与基准参数的相关系数。取值见表5-6。

中国湖泊(水库)部分参数与 Chl.a 的相关关系取值　　　表 5-6

水质参数	Chl.a	TP	TN	SD	COD_{Mn}
r_{ij}	1	0.84	0.82	−0.83	0.83
r_{ij}^2	1	0.7056	0.6724	0.6889	0.6889

采用 0~100 的一系列连续数字对营养状态进行分级,其中,TLI(Σ) < 30 为贫营养,30 ≤ TLI(Σ) ≤ 50 为中营养,50 < TLI(Σ) ≤ 60 为轻度富营养,60 < TLI(Σ) ≤ 70 为中度富营养,TLI(Σ) > 70 为重度富营养。同一营养状态下,综合营养状态指数值越大,水体富营养化程度越重。

为了解南大港湿地水体富营养化状况,采用综合营养状态指数法对其水质进行评价,评价结果见表5-7。

综合营养状态指数法评价结果　　　　表5-7

采样位置	TLI(TN)	TLI(TP)	TLI(COD_{Mn})	TLI	营养程度
一场	67.43	53.52	71.10	63.91	中度富营养
二五场	67.55	59.76	71.52	66.21	中度富营养
三场	76.08	70.11	96.36	80.80	重度富营养
四场	77.76	60.42	95.26	77.67	重度富营养

评价结果表明,南大港湿地绝大部分水域营养程度为中重度富营养,其中只有1号采样点为富营养程度稍轻。水体富营养化的主要原因是过多含氮、磷物质的排入。主要原因为:

(1)农业污染

近年来,随着南大港湿地周边及上游地区经济的快速发展,周边区域农作物种植过程中化肥和农药的大量施用,只有少部分被农作物吸收,大部分则在地表径流作用下进入湿地,对湿地水环境产生不利影响。

(2)上游来水量减少

南排河是南大港湿地赖以生存的重要条件。但近年来上游多个引水、水库工程截流了大部分河水。湿地入水量严重不足,天然水文情势被迫改变,其结果导致湿地调洪蓄水、降解污染能力等下降以及水体污染物质的面源污染。

(3)区域气候变化

由于区域气候原因,南大港湿地降水量逐年减少而蒸发量增加,湿地连年干旱,芦苇沼泽大面积缩小,水体透明度较低,水体自净能力较差。

(4)其他原因

由于南大港湿地水文连通性低,湿地内部被围堰分割成多个独立的水文单元,各单元内部缺乏水力联系。水源引入湿地后主要沿湿地外缘的环沟依靠水体自流流动,湿地内部水流缓慢、输入水流营养盐过剩、沉积到底泥中的营养盐向水体中的再释放、水生植物不适当管理以致腐解后释放营养盐等原因,容易引起湿地内水体富营养化,使其各种功能下降。

5.5 南大港湿地水环境问题诊断

5.5.1 水源供给保障脆弱性

水源是南大港湿地生态环境系统最重要的因子,水在生态系统的形成、发展和演替过程中起着决定性作用。同时,水又是生态系统中最为敏感的因子,在自然条件或人为活动干扰下,其变化会引起其他环境要素的变化,从而影响到整个南大港及其周围地区生态系统的稳定性,改变湿地生态群落的原有结构,最终导致生态系统的改变。

南大港湿地上游有南排河、新石碑河、廖家洼排水和过境,在20世纪50年代,水源为上游沥水汇注,经常是碧水连天。1965年以后,由于上游工农业生产用水量增加,河道几乎处于干涸状态,河道来水骤减,加之大港油田的开发,使湿地近于干枯,水田改为旱田。1984年在水库东部建立了虾场和盐场。

水主要通过降水量多少、降水稳定性、蒸发与降水关系对利用的影响、径流变率及地下水矿化度等影响脆弱生态环境的形成。影响南大港湿地的水分条件是年降水量和河流径流量,由于上游水利工程的拦截和水资源开发程度高,目前,南大港水源主要靠引黄河水。

20世纪末至21世纪初,连续7年干旱,湿地保护区水量大减,为了保护湿地不退化、维持湿地的生态属性,湿地管理部门在经济条件非常困难的情况下,先后投资近1000万元多次购买黄河水注入湿地。同时,修建了一部分闸涵,保证了每年都从南排河、廖家洼排河拦蓄客水注入湿地。为确保湿地水源补给,湿地管理部门与沧州市人民政府及有关部门协调,调整用水规划,并与水利部海河委员会、岳城水库管理处达成意向,确保在湿地枯水时为湿地调剂蓄水,能基本保证在大旱之年为各种鸟类提供良好的栖息地。2005年4月10日至5月7日,岳城水库向下游放水1.9亿 m^3。引岳济港调水改善了漳卫南运河下游河道的污染状况,有效缓解了沧州市农业灌溉用水,为南大港湿地补充了水源。

5.5.2 水质污染脆弱性

水质污染是南大港湿地面临的最严重威胁之一,湿地污染不仅使水质恶化,也对湿地的生物多样性造成严重危害。南大港湿地因水域宽阔、植物茂密,致使水流较为缓慢,当含有毒物和杂质(农药、生活污水和工业排放物)的漫流雨水经过湿地时,水生植物虽然能通过物理、化学和生物过程组合来完成降解污染物,但是并不能实现完全降解,水质仍处在Ⅳ类或Ⅴ类之间。

南大港湿地水体总氮、COD含量均无法满足目前水质管控的要求。总氮、总磷含量过高,使水体富营养化,藻类过度生长繁殖,造成水中溶解氧的急剧变化,藻类的呼吸作用和死亡的藻类分解作用消耗大量的氧,有可能在一定时间内使水体处于严重缺氧状态,影响鱼类的生存。富营养化的危害极大,治理难度很大。目前南大港湿地水质仍为Ⅳ类或劣Ⅴ类,水体中超标物质主要为氨氮、高锰酸盐指数、总氮等。因此,要预防富营养化问题加重,必须严格控制氮、磷的排放量。

另外,南大港上游流域主要以农业种植为主,农业生产中使用大量的农药、化肥,在汛期,随地表水流进入水体,也对南大港水质构成威胁。

由于南大港主要靠引黄河水补充,因此,所引黄河水质的优劣、引水渠道沿途污染源的排污状况及南大港周边的排污情况也决定了南大港湿地内水质的状况。

5.5.3 人类活动综合影响的干扰脆弱性

脆弱生态环境是在自然因素的基础上叠加了人类不合理开发利用而形成的。自然因素是其脆弱性形成的基质,人类活动则是起加速或减速等动力作用。不同地域由于自然条件的差异,脆弱生态环境的表现特征不同。因此,在进行生态环境脆弱性评价时应遵循地域性、主导性、科学性和可操作性的原则。

南大港的演化历史本身在很大程度上就是人类影响的一个结果。由于南大港属于冈、洼相间的缓坡状地形,使其具有易开发的特点。20世纪60年代为农业生产的需要,由于滩涂开发和围垦,南大港成为农田。

南大港湿地大规模的农业开发从整体上直接改变了区域生态系统的自然属性,自然湿地景观演变成人工农田景观,残留的自然湿地景观破碎化程度高,适合野生动植物生存的自然生境急剧缩小,致使野生动植物种群数量减少,越来越多的生物物种,特别是珍稀物种因失去生存空间而逐渐处于濒危或灭绝状态,区域生物多样性急剧下降。湿地面积的减少还极大地削弱了湿地的水文和气候等环境调控功能,使旱涝灾害增加。现在,围湖垦殖现象逐步得到控制,但是湿地保护仍然面临严重的问题:湿地处于无水源的困境,流域上游水利工程建设影响了南大港湿地水的状况。

第6章 南大港湿地水环境管理建议与对策

6.1 南大港湿地短期内水环境改善提升的难点分析

目前,南大港湿地每年均需依靠上游补水维持水位。然而,事实证明,仅靠补水无法使南大港湿地摆脱湿地萎缩和污染的恶性循环。沉积物中氮、磷营养盐及有机物等污染物的内源释放已经成为南大港湿地的主要污染源。因此,对南大港湿地的典型区域进行生态清淤和生态恢复对南大港湿地的整体环境修复、水质提升具有重要的意义。然而,目前南大港湿地水质改善清淤尚存在以下未解决的难题。

6.1.1 工程费用高,治理费用昂贵

底泥生态清淤的费用是较为高昂,太湖生态清淤 3000 多万 m^3,全部完成所需费用大约 30 亿人民币。一方面,大量投资制约了南大港湿地内广泛采用生态清淤工程;另一方面,如何提高南大港湿地内底泥生态疏浚的效率、降低成本,也是当前须解决的重要内容。

6.1.2 生态清淤的精度和准确度尚须研究确定

生态清淤是精密的薄层疏浚,主要是挖走底层表面的污染层和部分过渡层的沉积物,而清淤深度的大小不仅与资金的投入直接有关,也与生态效益有关。若局部疏浚过深,势必削弱湿地底部对污染的缓冲能力;过度清淤还会破坏性地改变南大港湿地几万年形成的生态结构,为清淤后可能进行的沉水植物恢复和生物生态工程的重建和实施增加困难。一些湖泊、湿地的清淤工程,如我国南京玄武湖、杭州西湖,日本 Suwa 和 Kasumigaura 湖等清淤并没有达到预期效果,可能也是因为疏浚方式、范围和精度等方面的原因。可见,南大港湿地内哪些位置可进行清淤、清淤深度多少等问题,都需要通过深入系统研究加以回答。

6.1.3 生态清淤产生的淤泥和余水处理技术还需要进一步研究

清淤的底泥若处理不当将可能再次污染水体,目前采用的一些堆放、固化等方法,堆放不当会产生二次污染影响,而固化的成本又较高,经济合理、环境安全、资源化利用的技术还需要研究。余水处理的絮凝剂选择、投加量、停留时间等还要进一步研究,余水也缺少控制标准。

6.1.4 缺乏基于大规模生产性工程实践的生态清淤效果综合研究

尽管底泥清淤有正面效应,如降低水体富营养化水平,改善水质,减少营养盐向水体释放等,但也可能存在负面的效应。目前国内外的研究限于某一方向,未进行系统研究评估。特别是近几年来,太湖发生的多次湖泛现象正是不恰当的底泥清淤,忽视底泥、水生生物及其上覆水体之间的生态联系导致的严重后果。

底泥是南大港湿地水生态系统的重要组成部分,是湿地泥沙、有机质、营养盐、污染物等的积蓄库,底泥与相关环境因素保持着复杂的动态关系。目前南大港湿地生态清淤规模及方案论证中对底泥相关的水生植物、底栖动物及生态环境调查相对较少,对于清淤对生态可能产生的负面影响也没有深入研究,尤其是对南大港湿地这类生态脆弱的滨海湿地,其生态清淤及综合整治、生态影响与原有的生物多样性保护问题等,应该更加重视和调查研究论证,以使生态清淤治理方案更具有准确性和科学性。

综上所述,南大港湿地作为宽浅型水体,平均水深不足 1.5m,底泥造成的二次污染是不可忽视的重要污染源。底泥释放的营养物对藻类的生长有重要影响,尤其像南大港湿地这样的浅水水体,底泥营养物是支持藻类水平的主要营养源,在夏季高温季节,大量底泥趋于厌氧,氧化还原电位 Eh 急剧下降,表层底泥处于还原状态,促使储存在底泥中营养物质以还原态释放出来,加入水体和营养循环。底泥与大量藻类死亡残体等共同作用,在适宜气象、水文条件下,还会发生水华。

可见,底泥疏浚对于富营养化较为严重的南大港湿地而言,是一种治理内源污染效果比较明显和有效的途径。然而,在这种迫切水质提升需求驱动下,缺乏应有的研究和论证使对南大港湿地实施疏浚,将可能给南大港湿地这生态系统健康和稳定带来极大的环境隐患,产生明显的投入和效果不对称问题。

可见,在制定技术经济合理、综合考虑南大港湿地的地理环境、水体特征、污染物种类、含量等工程特性基础上,选择合理的清淤技术、清淤方式和设备前,不宜对南大港湿地实施大规模的水质改善提升工程措施。

第6章 南大港湿地水环境管理建议与对策

6.2 我国现行水环境质量标准体系在南大港湿地的适用性分析

6.2.1 《地表水环境质量标准》在南大港湿地的适用性分析

目前,南大港湿地水质管控执行《地表水环境质量标准》(GB 3838—2002)Ⅳ类标准。然而,该执行标准的Ⅳ类水主要适用于一般工业用水区及人体非直接接触的娱乐用水区。根据《景观娱乐用水水质标准》(GB 12941—1991)中所述相关含义,娱乐用水区包含以景观、疗养、度假和娱乐为目的的江、河、湖(水库)、海水水体或其中一部分。南大港湿地属野生珍稀鸟类保护区,并不属于上述区域,将Ⅳ类水标准作为南大港湿地地表水环境质量标准基本项目标准限值是否合理,值得商榷。此外,将《地表水环境质量标准》(GB 3838—2002)Ⅳ类标准用于南大港湿地水质管控还存在以下不适性。

6.2.1.1 难以协调不同水域功能的水质关系

《地表水环境质量标准》(GB 3838—2002)基本项目标准值分为五类,涉及饮用水源、渔业、农业、工业等多种水域功能,其中一类标准至少对应两类水域功能,如规定达到Ⅱ类和Ⅲ类标准的水体可用作集中式生活饮用水源地和水生生物栖息地用水,因此标准值需要同时满足保护人体健康和水生生物的要求。以铜和锌两项污染物为例,《地表水环境质量标准》(GB 3838—2002)以美国环境保护局1999年发布的美国水生生物慢性基准和人体健康基准为依据制定了我国现行Ⅱ类水质标准限值,但是美国人体健康基准中铜、锌浓度限值分别为1.3mg/L、7.4mg/L,而美国水生生物慢性基准中二者浓度限值分别为0.00145mg/L和0.12mg/L,相差60~1000倍。我国《地表水环境质量标准》(GB 3838—2002)中铜和锌两项污染物浓度的Ⅱ类标准限值均为1mg/L,可以满足保护人体健康的要求,而对水生生物的保护可能不足。

目前,南大港湿地的功能区划以人类用水功能需求为区划基础,未考虑水生态系统维持自身功能的水质需求,当前区划可能难以保障水生态系统服务功能充分发挥,而且对水体长远为人类需求发挥作用造成一定威胁。此外,还应充分考虑水资源、水环境与水生态之间的耦合关系,不可仅针对水环境保护考虑水质标准,还应涉及南大港湿地水生态系统对水环境质量的要求,形成一套综合反映"水生态-水资源-水环境"三位一体与近中远期动态调控相结合的水质综合管理目标体系。

6.2.1.2 缺乏符合中国国情的环境基准支撑

环境基准是标准制定的科学基础,基准值往往与本地生物区系、水体理化性质和污染物毒性特点等相关。由于缺乏我国环境基准研究的支撑,《地表水环境质量标准》(GB 3838—2002)中基本项目的Ⅰ、Ⅱ和Ⅲ类标准限值均主要参照美国水生生物急性慢性基准、人体健康基准制定,Ⅳ和Ⅴ类标准限值主要依据美国水生生物急性基准制定,集中式生活饮用水地表水源地补充项目和特定项目的标准限值主要依据《世界卫生组织饮用水准则》《美国饮用水卫生标准》和当时卫生部颁布的《生活饮用水卫生标准》制定。由于中美两国水生生物区系、水体理化本底背景等不同,直接引用外国基准值容易造成对本土水生物的"过保护"或"欠保护",事实上,50%以上的水污染物在国内外水生物物种敏感度方面存在显著差异,由于国内外水生生物的物种敏感度存在差异性,造成同一污染物的不同国家水质基准阈值差别可能超过100倍。

6.2.1.3 未考虑地域背景值的影响

《地表水环境质量标准》(GB 3838—2002)的监测项目体系为全国统一标准,没有考虑地理环境特征、生态系统类型的差异。如溶解氧(DO)浓度与海拔(高程)均存在较大相关性,青藏高原(海拔高于3500m地区)在夏季温度高于20℃时,饱和溶解氧浓度仅为5.9mg/L,处于不达标状态,因此使用统一的溶解氧浓度指标评价西藏自治区、青海省等高海拔地区的水质缺乏合理性。美国各州通常依据国家发布的溶解氧浓度的基准值,制定各区域的溶解氧浓度限值;英国水环境质量标准中将溶氧量按照溶解氧饱和百分率分级,制定溶解氧标准。化学需氧量(COD)和高锰酸盐指数是我国评价水体污染程度的综合性指标,该类指标极易受到来自沉积物和土壤淋溶的腐殖酸影响,这种天然条件下自然产生的腐殖酸含量在南北河流差距显著,往往造成黑龙江省、河北省、内蒙古自治区、新疆维吾尔自治区、青海省、西藏自治区部分地区的COD和高锰酸盐指数环境背景值超标,《地表水环境质量标准》(GB 3838—2002)对此类指标背景值超标等问题缺乏统筹考虑。

如前所述,目前的南大港湿地是由历史时期的洼地演变而成。湿地所在地原是一片大洼地,当地称之为"大洼"。经过几万年的海侵、海退、冲积、淤积而成。湿地土壤有机质的含量取决于有机物的输入量和输出量,而南大港湿地土壤中的有机质主要来源于土壤原有机物的矿化和动植物残体的分解,有机质的输出量则主要包括分解和侵蚀损失,受各种生物和非生物条件的控制。而在南大港湿地这种常年淹水的条件下,土壤水分处于饱和状态,几乎没有氧气的扩散,因而极易形成厌氧环境,土壤内的有机物质不易矿化分解,极易发生累积,并释放到上层水体内。

除沉积作用外,南大港湿地内植被生长特征也影响着湿地土壤中有机质含量。植被对有机质及氮素的持留作用与地表径流和地下径流有关。对地表径流而言,植株密度的高低是影响其持留量的关键因子,高密度植被可减小水流速度,降低水的输送能力;而对于地下潜流,植被可通过改变土壤结构、组成及渗透能力来影响其持留量。此外,南大港湿地植被结构也可能影响着湿地土壤养分的动态。南大港湿地核心区内无人类活动干扰,存在大量大型湿地植物,相较于水韭菜、委陵菜、泽泻等低矮稀疏植,大型植被更有助于湿地对养分的持留,植被生长过程中的表层凋落物也将显著增加有机质的积累。

可见,南大港湿地的形成过程及其自然禀赋导致其对有机质、氮素等养分的持留能力显著大于其他地区,造成其 COD、氮类物质的环境背景值相较于其他地区更高。

6.2.1.4　难以满足当前富营养化控制需求

水体富营养化及其导致的蓝藻水华是我国水环境的主要问题,受到地质、气候和温度的影响,不同区域营养物基准阈值差异较大。美国将全国划分为 14 个生态区,不同区域制定不同的营养物基准。对于湖库及缓流湿地型水体,我国《地表水环境质量标准》(GB 3838—2002)中规定了总氮和总磷指标的统一标准,然而我国地域广阔,各地区存在地理位置、地形地貌、气候条件、湿地形态以及人类开发程度等方面的差异,不同区域缓流水体的富营养化现象对营养物水平的响应差异巨大,对于受人类干扰强度大的湖泊或湿地等,营养物基准制定难度更大。

6.2.1.5　水质标准项目类型覆盖不全面

《地表水环境质量标准》(GB 3838—2002)中集中式生活饮用水地表水源地保护项目共计 85 项,非饮用水源的地表水体涉及水生生物保护项目则相对偏少,其中河流类型地表水仅 23 项、湖库 24 项。然而,美国保护水生生物基准共 60 项,欧盟保护水生生物基准共 45 项,相比之下,一方面,我国对于水生生物保护的项目类型明显不足,尤其是涉及有毒有害有机污染物的指标较缺乏,另一方面,对于水生生物生长所必须的营养类物质的允许浓度则采用了较为严苛的标准限值。《地表水环境质量标准》(GB 3838—2002)中的水质基准是基于毒理学试验,应用有毒或有害物质自身的浓度或阈值来表征,其浓度与水生生物之间的作用存在着负反馈机制。事实上,N、P 等营养物对水生生物的毒理作用较小,其危害主要在于促进藻类过度生长而爆发水华,从而导致水体缺氧、透明度下降和水生态系统的破坏。因此,防止水体富营养化的营养物基准是基于生态学原理和方法制定的,而非用生物毒理学方法。

6.2.1.6 指标衔接性问题

《地表水环境质量标准》(GB 3838—2002)中有些指标间存在关联性,但标准值却相互不衔接,造成南大港湿地水环境质量管理上存在冲突。以总氮和氨氮两种污染物为例,水体中溶解性总氮的主要组成是氨氮、硝态氮和亚硝态氮,《地表水环境质量标准》(GB 3838—2002)中这两种污染物的Ⅱ类~Ⅴ类标准值相同,存在着不协调性。

综上所述,《地表水环境质量标准》(GB 3838—2002)存在多种水域功能与水质要求混杂、标准值主要依据国外基准值制定、水质指标及其标准限值未体现地域差异性、缺乏适宜的湖泊水库营养物标准、水生物保护项目覆盖不全等问题,在应用于南大港湿地水环境管控前,宜理顺《地表水环境质量标准》(GB 3838—2002)中的水域功能与水质要求的对应关系,借鉴国际经验,对南大港湿地水环境基准进行充分调研及细致分析,充分吸收相关成果的基础上,建立充分体现南大港湿地水生态完整性保护要求的水质标准。

6.2.2 《海水水质标准》在南大港湿地的适用性分析

南大港湿地和鸟类省级自然保护区是我国著名的退海河流淤积型滨海湿地,湿地土壤含盐量大(盐度一般在3%以上)。南大港湿地特殊的地理位置,上游承接地表水,下游通过地下水连接近岸海域,不仅涉及《地表水环境质量标准》,也涉及《海水水质标准》(GB 3097—1997)。《海水水质标准》(GB 3097—1997)作为水环境质量的两大基石之一,成为近岸海域水质管理与污染控制标准簇(包括行业标准和国家标准)的制定依据,发挥了不可替代的作用。然而,南大港湿地按照《海水水质标准》(GB 3097—1997)进行管理,同样将给湿地管理上带来诸多不便。

6.2.2.1 边界划分不清

目前,海陆交界水体主要采用河海划线的方式进行管理,实际操作中往往随意性较大,陆域一侧执行《地表水环境质量标准》(GB 3838—2002),海域一侧直接执行《海水水质标准》(GB 3097—1997),造成了各相关行政管理权责推诿扯皮、审批权限不清晰的问题。《近岸海域环境功能区管理办法》(原国家环保总局令第8号令):"第二条 近岸海域是指与沿海省、自治区、直辖市行政区域内的大陆海岸、岛屿、群岛相毗连,《中华人民共和国领海及毗连区法》规定的领海外部界限向陆一侧的海域。渤海的近岸海域,为自沿岸低潮线向海一侧 12 海里以内的海域。"该办法仅说明外部边界,除渤海外陆域一侧并未明确具体的范围,导致我国沿海各省(自治区、直辖市)近岸海域功能区划方案批件中对入海河流河口区域依据海水水质保护目标均设置了相应的要求;并且"第九条对入海河流河口、陆源直排口和污水排海工程排放口附近的近岸海域,可确定为混合区"。此条说明规定各省的近岸海域环境功能区划方案都划定了混合区,实践中混合区不属于任何类型的近岸海域环境功能区,不执行国家《海水水质标准》(GB 3097—1997),混合区划定范围内的海水水质允许超标,但不得影响邻近近岸海域环境功能区的水质和鱼类洄游通道。而《地表水环境质量标准》(GB 3838—2002)的适用范围包括"全国江河、湖泊、运河、渠道、水库等具有使用功能的地表水水域,且与近海水域相连的地表水体根据水环境功能按地表水环境质量标准相应类别标准值进行管理",显然,南大港湿地既是混合区又非混合区,既归地表水标准管理又归海水标准管理,范围不明确。

6.2.2.2 环境功能类别交错混乱

南大港湿地因特殊的地理位置涉及三套水功能区划标准,即针对地表水的《水功能区划分标准》(GB/T 50594—2010)、近岸海域的《近岸海域环境功能区划分技术规范》(HJ/T 82—2001)以及海洋的《海洋功能区划技术导则》(GB/T 17108—2006),因水质标准的不明确使得功能类别设置交错混乱。根据现行的《地表水环境质量标准》,Ⅰ类~Ⅲ类水体涉及地表水水源地使用功能,而《海水水质标准》(GB 3097—1997)不涉及地表水源地这样的使用功能。

以长江口滨海湿地为例,长江口具有地表水源地使用功能,从徐六泾到口门处有三处水库,包括陈行水库、青草沙水库、东风西沙水库,需要设置相应的指标保护该水体功能,若直接沿用《海水水质标准》中四类水质类别会导致"欠保护"的问题。《上海市海洋功能区划(2012 年)》指出,长江口区域主要用海功能为港口航运、农渔业、河口海洋保护等。按照长江口三级分汊、四口入海的河势格局,北支主要功能为农业围垦区和保留区等,南支为饮用水水源保护区、航道区和港口区等,北港为饮用水水源保护区、自然保护区、航道区和农业围垦区等,南港为港口区和航道区等。值得注意的是,这里的河口海洋保护区包括饮用水水源保护区。当地规划部门同样意识到饮用水功能不能被忽视,提出饮用水水源保护区应严格依据《上海市饮用水水源保护条例》,执行《地表水环境质量标准》(GB 3838—2002),本质上是在利用两个水质标准进行交叉管理,各职能部门根据各自所需选择相应水质标准制定管理办法。此外,对比《上海市水环境功能区划(2011 年修订版)》和原国家环保总局划分的"上海市长江口近岸海域功能区划"可以发现,南支区部分水域在近岸海域功能区划中执行Ⅰ类~Ⅱ类水质要求,而水环境功能区划执行Ⅱ类~Ⅳ类水质要求,同一水体区域执行标准混乱时有出现。

6.2.2.3 评价指标及限值不够合理

从标准涵盖的污染物范围和数量来看,自改革开放到现在,近三十年来营养盐始终是滨海湿地主要超标因子;20 世纪 90 年代起,重金属和持久性有机污染物普遍检出,呈现逐年增加趋势;进入 21 世纪后,典型持久性有机污染物、环境内分泌干扰物等被大量检出,研究表明,经陆源污染入海的有毒有害物质已对我国水环境质量构成潜在威胁。我国现行的《海水水质标准》(GB 3097—1997)仅涉及 39 种指标、33 种污染物,包括营养盐、重金属、放射性核素等;现行的《地表水环境质量标准》(GB 3838—2002)指标项目共计 109 项,包括地表水环境质量标准基本项目 24 项、集中式生活饮用水地表水源地项目 85 项。而美国所颁布的国家推荐水质基准中,按优先控制污染物、非优先控制污染物和感官效应的顺序,于 2002 年分别给出了 158 种污染物的淡水水质基准和海水水质基准,均远远多于我国现行水质标准所规定的指标。从评价指标结构来看,由于我国的水环境质量标准以水化学指标为主,缺乏生物类群项目,造成无法表征水生态系统对于水质变化的响应关系,不能全面反映水体生态状况。生物指标能直接度量固有水生物种在环境受污染时的反应,这类指标与理化指标是相辅相成的。从指标在两大标准中的衔接状况来看,由于各部门针对营养盐监测的出发点不一致,监测指标存在差别。环保部对水质的监测主要针对氨氮和总磷,而国家海洋局对近海水质的监测则考虑了硝酸盐、氨氮和磷酸盐等不同种类的营养盐。监测指标的差别制约着对营养盐污染状况和营养盐污染源的客观评估,在某一个滨海湿地可能存在指标无法对接,仍然不能从根本上解决近岸海域富营养化的问题。从标准限值来看,我国陆域幅员辽阔,气候、水文等自然条件差异巨大,各河口区的水动力、化学和生物特征各不相同,许多评价指标在不同河口的环境背景值相去甚远,不同区域的特征污染物各异,现行的同一指标体系、单一评价标准在理论上难以适用于所有滨海湿地环境。同时,环境基准是制定环境质量标准的重要依据与基础,然而《海水水质标准》(GB 3097—1997)标准制定过程中主要参照国外发达国家及国际组织相关的环境基准,或者根据专家经验为依据制定的,没有考虑我国实际情况,从而导致现行地表水和海水水质标准中部分水质指标欠保护和过保护。

6.2.2.4 与其他标准的衔接问题

《地表水环境质量标准》(GB 3838—2002)和《海水水质标准》(GB 3097—

第6章 南大港湿地水环境管理建议与对策

1997）均是为了保护确定的目标制订的,而保护目标又具体地存在于各种水体使用功能之中,各使用功能又可有一种或一种以上的保护目标。由于水域具有多种使用功能,因而也就有多种保护目标。因此,在明确了使用功能与保护目标之间的关系后,根据保护目标将水体使用功能进行归类,成为当时制定水质标准的首要任务。这里使用功能主要包括水生态和人类使用功能。自 20 世纪 80 年代两大标准的实施,针对不同使用功能,《渔业水质标准》(GB 11607—1989)、《娱乐景观用水水质标准》(GB 12941—1991)、《农田灌溉水质标准》(GB 5084—2005)、《城市污水再生利用工业用水水质》(GB/T 19923—2005)、《生活饮用水卫生标准》(GB 5749—2006)等功能用途类标准相继出台,出现了与现行两大水质标准衔接的问题。例如,铜和锌对水生生物(仔鱼、成鱼产卵期等)的毒性比较大,《海水水质标准》(GB 3097—1997)一般将铜和锌控制在 0.01mg/L,这一点也是南大港湿地作为野生鸟类保护区所必要的,而铜和锌对人体健康的毒理学影响到目前为止还没有发现,《地表水环境质量标准》(GB 3838—2002)中铜和锌限值目的在于感官的需要,限制人体对饮水中铜和锌的味觉感应,一般将铜和锌控制在 1.0mg/L。渔业用水和饮用水源地功能在现行的《地表水环境质量标准》(GB 3838—2002)中同处于Ⅱ类水质类别,而铜和锌保护水生生物和人体健康两者的标准值却相差 100 倍,显然,如何协调河口区两大标准与其他标准之间定值结构、指标类型等问题尤为重要。

6.2.3 其他相关管控要求在南大港湿地的适用性分析

根据《河北省湿地保护规定》(河北省人民政府令〔2013〕第 15 号)规定,"第二十四条 县级以上人民政府水行政主管部门在制定水资源开发、利用规划和调度水资源时,应当维持河流的合理流量和湖泊等湿地的合理水位,维护湿地水体的自然净化能力,并根据水功能区划对水质的要求和湿地水体的自然净化能力,核定湿地水体的纳污能力,向同级人民政府环境保护主管部门提出限制排污总量的意见",应当依照南大港湿地水功能区划设定南大港湿地水质要求。

表 6-1 所示为河北省一级水功能区划登记表(黑龙港及运东地区)。可见,南大港湿地及南大港湿地主要补水水源南排河均未被列入河北省水功能区划管控范围内。参考同区域河流,沧州范围内入海河流仅青静黄排水渠、北排水河及沧浪渠设置了水质目标,考虑到青静黄排水渠邻近省界,其水质管控目标设定为Ⅲ类,其余沧州界内入海河流水质管控目标为Ⅳ类。因此,以《河北省水功能区划》管控要求推断,南大港湿地及其补水水源可暂时列入Ⅳ类水管控要求。

河北省一级水功能区划登记表

表 6-1

水系	水资源二级区	水资源三级区	河流、湖库	流入何处	水功能区名称	范围		长度(km)/面积(km²)	水质目标	区划依据
						起讫点				
黑龙港及运东地区	海河南系	黑龙港及运东平原	滏东排河	北排水河	滏东排河邢台开发利用区	宁晋孙家口—新河陈海		6.6	—	开发利用区
	海河南系	黑龙港及运东平原	滏东排河	北排水河	滏东排河邢台、衡水、沧州开发利用区	新河陈海—杨庄闸		122.6	—	开发利用区
	海河南系	黑龙港及运东平原	老漳河	滏东排河	老漳河邢台开发利用区	邯郸、邢台交界—宁晋孙家口		62.3	—	开发利用区
	海河南系	黑龙港及运东平原	小漳河	滏东排河	小漳河邢台开发利用区	平乡周庄—宁晋孙家口		89.8	—	开发利用区
	海河南系	黑龙港及运东平原	千顷洼	千顷洼	千顷洼衡水开发利用区	千顷洼		75.0	—	开发利用区
	海河南系	黑龙港及运东平原	冀南渠	千顷洼	冀南渠衡水开发利用区	南冯管—入冀码口		22.8	—	开发利用区
	海河南系	黑龙港及运东平原	卫千渠	千顷洼	卫千渠衡水开发利用区	源头—王口闸		73.8	—	开发利用区
	海河南系	黑龙港及运东平原	冀码渠	千顷洼	冀码渠衡水开发利用区	东葵村—南关闸		14.3	—	开发利用区
	海河南系	黑龙港及运东平原	清凉江	南排水河	清凉江邢台开发利用区	威县常庄—郎吕坡		22.0	—	开发利用区

第6章 南大港湿地水环境管理建议与对策

续上表

水系	水资源二级区	水资源三级区	河流、湖库	流入何处	水功能区名称	范围 起讫点	长度(km)/面积(km²)	水质目标	区划依据
黑龙港及运东地区	海河南系	黑龙港及运东平原	清凉江	南排水河	清凉江衡水、沧州水源地保护区	郎吕坡—大浪淀水库入库口	250.0	Ⅱ	南水北调线路
	海河南系	黑龙港及运东平原	老沙河	清凉江	老沙河邢台开发利用区	邯郸、邢台交界—入清凉江口	37.2	—	开发利用区
	海河南系	黑龙港及运东平原	江江河	南排水河	江江河衡水、沧州开发利用区	故城—泊头市	90.0	—	开发利用区
	海河南系	黑龙港及运东平原	青静黄排水渠	渤海	青静黄排水渠沧州缓冲区	青县—省界	20.0	Ⅲ	河北—天津
	海河南系	黑龙港及运东平原	北排水河	渤海	北排水河沧州开发利用区	杨庄闸—齐家务	79.8	—	开发利用区
	海河南系	黑龙港及运东平原	北排水河	渤海	北排水河沧州缓冲区	齐家务—翟庄子(西)	9.0	Ⅳ	河北—天津
	海河南系	黑龙港及运东平原	沧浪渠	渤海	沧浪渠沧州开发利用区	沧州—孙庄子	60.0	—	开发利用区
	海河南系	黑龙港及运东平原	沧浪渠	渤海	沧浪渠沧州缓冲区	孙庄子—省界	6.5	Ⅳ	河北—天津
	海河南系	黑龙港及运东平原	捷地减河	渤海	捷地减河沧州开发利用区	捷地—歧口	77.0	—	开发利用区

79

续上表

水系	水资源二级区	水资源三级区	河流、湖库	流入何处	水功能区名称	范围		水质目标	区划依据
						起讫点	长度(km)/面积(km²)		
黑龙港及运东地区	海河南系	黑龙港及运东平原	宣惠河	渤海	宣惠河沧州开发利用区	吴桥—新立庄闸	113.0	—	开发利用区
	海河南系	黑龙港及运东平原	黑龙港河	贾口洼	黑龙港河沧州开发利用区	乔官屯—青县	55.0	—	开发利用区
	海河南系	黑龙港及运东平原	黑龙港河	贾口洼	黑龙港河沧州缓冲区	青县—省界	25.0	Ⅲ	河北—天津

然而,《河北省湿地保护规定》(河北省人民政府令〔2013〕第 15 号)要求,即湿地水质管控要求应建立在"维持湿地的合理水位、维护湿地水体的自然净化能力"的基础上。根据河北省水利规划设计研究院 2021 年 10 月编制的《南大港基本生态水量保障实施方案》,南大港湿地地处水资源严重短缺的运东平原,为满足经济社会发展的用水需求,该地区主要依靠超采地下水来维系经济社会发展,南大港流域水资源开发利用已远超过允许可开发的上限,自然流域系统受到很大破坏,南大港目前已基本丧失了原来的自然流域系统的水源补给,南大港湿地多年来主要依赖人工调水蓄水得以维持。维持最低生态水位条件下,多年平均需引补水 1076 万 m^3,不同保证率下,丰水年、平水年、枯水年需分别引水 685 万 m^3、1087 万 m^3、1619 万 m^3。而上述需水量仅仅是维持该保护区核心区域湿地生态系统的主要功能而需要的水量,对湿地生态环境功能的要求越高,其相应的生态需水量也越多。而从历史水资源的入流量和现状分析来看,目前湿地的蓄水量远远小于湿地所需的最小生态需水量,这已经影响了湿地生态系统的健康发展。缺水问题是目前南大港湿地存在与发展的最大限制因素,如果不能保证一定的水量,那么湿地的水生态环境将很难维持,水环境管控目标也很难达到。如何解决湿地生态需水问题,维持相应级别状况下的生态健康,保持良好的生态环境,成为南大港湿地水环境管理面临的最严峻的问题。

6.3 建议与对策

南大港湿地是河北省少有的一块水陆交接型、自然和人文因素共同作用下形成的滨海湿地。近些年来,由于华北地区连年干旱,湿地来水量得不到保证,导致了湿地供水不足,再加上早年间湿地围垦、周边争水等人为因素的影响,湿地的面积逐渐缩小,湿地退化现象严重。虽然最近几年各级部门投入了大量资金,暂时缓解了湿地用水的燃眉之急,但从长远来看,不解决南大港湿地的水源补给问题,湿地水环境达标将难以为继。

6.3.1 增加流量流速,缩短换水周期

大量研究表明,水的自净能力与水体的水量、流速等因素有关,水量越大,流速越快,水的自净能力就越强。因此,提高南大港湿地水体自净能力的关键是提高其流量及水流循环速度。首先,提高南大港湿地水流循环速度关键在提高水动力,水动力特性对水体自净的影响是敏感而又十分复杂的。不同的水域,由于其水动力条件的不同,其自净能力有较大差异。同时,水动力要素还会与污染物在水中的生

化反应进程交互影响,进而通过生化反应过程影响到水体的自净能力。

其次,南大港湿地基本出于不排水状态,换水周期较短极长,年均入水量也远无法达到维持基本水生态健康的流量,这对保持、提升南大港湿地水质非常不利。但同时也需要考虑流速增加造成底泥的再悬浮,若水力参数控制不当,极易使得底泥中的污染物通过再悬浮作用再次进入上覆水中。对于已经发生底泥再悬浮的水体,相较于静态底泥,其对流速变化要更加敏感,因为流速决定了再悬浮污染物的最终归宿。底泥起动悬浮释放只是在一定的水动力学条件下存在,尽管作用时间较短,但是其释放强度较分子扩散大得多,所以对水体自净作用也起着主要的影响作用。

综上,宜通过系统的科学研究,利用控导工程,通过综合考虑物种保护、生态平衡和水质改善,研究水量流速工程调度的相对最优的效果。通过工程调度动态调节水动力,控制进出湿地水量和流速,加快水体更换速度,调整入清出污时机,能有效地提高水体自净能力。

因此,南大港湿地水环境达到目标水质的前提是应首先保障南大港湿地的生态流量,如此才能突破水文循环断裂带来的不利影响,修复水生动植物栖息地,拓宽物种被挤占的生存空间,使南大港湿地生物物种多样性及数量逐渐提升,并起到水体自净的。据此,未来一个时期,南大港湿地水质提升工作的重点之一是恢复水域—湿地—陆地的生态联系,确保水、陆生态系统和生物通道的连续性,维护河湖基本生态用水需求,结合强化生态措施,确保湿地生物系统维持最基本健康水平。

6.3.2 合理控制种群,保持优良水质

生态净水是利用生态学原理进行的一种生态操控方法,在净化水质方面具有成本低、效果明显的特点;并可大大加速非生物与生物间、生物与生物间的转化速率,使水体中的浮游生物、杂草和有机碎屑等迅速消失,有效改善水质。浮游生物通过吸收水体中的氮磷等营养物质为生,而氮磷是引起水体富营养化的最主要元素。滤食性鱼类以水体中的浮游生物为食,消耗了大量的氮磷,有效解决了水体富营养化问题。芦苇等适应性较强的水生植被可通过吸收、吸附、过滤、富集作用去除水中污染物。此外,植物还可以起到固定床体表面、为微生物提供良好的根区环境、提高过滤效率、抗冲击负荷等作用。但须进行合理的规划设计,应根据湿地断面的形状、水文特点,合理布局,总量控制。更为重要的一项工作是管理,每年秋季都应该对湿地水域内的部分水生植物进行清理,把污染物从湿地内彻底清除。

6.3.3 局部推广人工强化生态修复技术

针对静止或流动性差、水体容量小、极易受到污染和自净能力差的局部水域，采用耦合生物代谢、通过物理化学措施辅助强化的方式来调控水环境内部菌群种类、菌群活性与污染物降解等的人工强化生态技术。该类技术属基于生物原理的生态修复技术，不仅具有环境友好型的特点，还能从根源上改善水环境内源与外源污染状况。

6.3.3.1 水体人工增氧技术

针对南大港湿地局部水体 COD 超标较为严重、易出现由于溶解氧过低而造成水体黑臭的情况，可采取水体人工曝气技术，即通过提高水中溶解氧浓度的方式来恢复水生态环境。曝气可以为水中生物提供呼吸所需要的氧，从而加速微生物对污染物的降解，并实现水体由缺氧状态转化为好氧状态，增强水体的净化能力。此外，针对富营养化水体上层好氧而下层缺氧的特点，人工增氧还可以在短期内通过加速硝化反应速度的方式减缓富营养化现象，见效速度快、处理效果好。

6.3.3.2 微生物强化技术

微生物强化技术是指通过向水环境中引入具有特定功能的微生物或微生物促进剂，以增强水体对降解有机物的能力，并改善和促进原有微生物去除效能。

外源微生物投放是向局部水体投加可高效降解污染物的微生物菌种，如硝化细菌、光合细菌等，可针对南大港湿地中超标污染物类型选择不同菌种，有针对性地提高特定污染物去除效率，实现水质的净化。外源微生物投放技术成本低、净化效果好，在我国黑臭河道治理中应用广泛，但投放外源菌种存在一定生物安全隐患，需对投放地区本土菌群进行调查后科学投放使用。由于投放时一般采用人工投加法，即人工向水体表面喷洒微生物菌剂，而菌剂易随水流流失，因此该方法特别适于流速较缓的是湿地环境。

向水体投加营养物质、电子或共代谢基质等微生物促进剂，以提高水体中降解污染的原生微生物的活性，使微生物能够快速繁殖生长，促进生化反应的进行，提高水体溶解氧水平，从而达到净化水质、改善污染环境的目的，对湿地生态环境进行修复。与投放菌剂相比，投放促进剂的方法投放成本更低，且未引入外源微生物，生态安全性更高，已在我国上海、广州、南京等地区的河湖整治中得到广泛应用，生态治理效果较好。

6.3.3.3 生态护岸

生态护岸指的是利用植物或通过植物与土木工程结合的方式，对水体边缘坡面进行防护的一种护坡形式。生态护岸的理念是基于最大可能以天然状态下岸坡形式为参照,避免以建筑物的形式去破坏自然生态系统平衡。生态护岸一般具有防洪排涝、生态景观和自净功能,不仅可以维持边坡的稳定,还可以使水体与土壤相互渗透,增强水体与周边的物质交换,为水体中的生物提供合适的栖息地和构建水陆缓冲带,通过依附在其周边的水生动植物来实现对水体的净化作用。生态护岸结构材料通常以植被、干砌石或原木等柔性材料为主,也可以在上述材料的基础上加入混凝土、钢筋等材料来强化坡面的稳定性。

6.3.3.4 底泥生物氧化技术

底泥生物氧化是通过呼吸代谢途径诱导土著微生物定向扩增,停止甚至抑制那些致黑产臭微生物类群的生长,就地大量繁殖土著微生物,利用土著微生物、各种电子受体、共代谢底物等生物氧化组合技术生产出药物,通过靶向给药技术直接将药物注射到河道底泥中间,对水体底泥进行缺氧、无氧环境下生物氧化,可有效降低底泥有机物含量,提高底泥对上覆水体的生物降解能力,促进底泥微量营养元素释放和藻类生长。

在底泥的厌氧环境中,过氧化氢、硝酸盐、硫酸盐和铁离子等都可作为有机物降解的电子受体。利用底泥生物氧化技术去除此类污染物已在实际中得到应用。底泥氧化后会在底泥表层形成一个氧化层,防止污染物再次进入上覆水中,所以能改善水体的自净能力。

参 考 文 献

[1] 国家林业局野生动植物保护司.湿地管理与研究方法[M].北京:中国林业出版社,2001.
[2] 吕宪国,邹元春.中国湿地研究[M].长沙:湖南教育出版社,2017.
[3] 张晓龙,李培英,刘乐军,等.中国滨海湿地退化[M].北京:海洋出版社,2010.
[4] 韩奇,陈晓东,张荣伟.城市河道及湿地生态修复研究[M].天津:天津科学技术出版社,2020.
[5] 季中淳.中国海岸湿地及其价值与保护利用对策:中国海洋湖沼学会第四次中国海洋湖沼科学会议论文集[C],北京:科学出版社,1991.
[6] 陆健健.我国滨海湿地的功能[J].环境导报,1996(01):41-42.
[7] 黄桂林,陈建伟.中国湿地分类系统及其划分指标的探讨[J].林业资源管理,1995(05):65-71.
[8] 赵焕庭,王丽荣.中国海岸湿地的类型[J].海洋通报,2000(06):72-82.
[9] 倪晋仁,殷康前,赵智杰.湿地综合分类研究:Ⅰ.分类[J].自然资源学报,1998(03):22-29.
[10] 田嘉慧,王凯红,梁嘉慧,等.江苏盐城滨海湿地生态修复过程中的水环境质量评价[J].环境影响评价,2023,45(05):71-75.
[11] 丁磊,陈黎明,王逸飞,等.感潮河段城市湿地水动力模拟及改善方案研究[J].水利水运工程学报,2023:1-12.
[12] 高歌,刘骅峻.扎龙湿地龙湖水域水环境质量评价[J].高师理科学刊,2022,42(11):67-73.
[13] 李畅,赵瑞斌,王福,等.广西滨海湿地现状及红树林湿地碳储量分析[J].华北地质,2022,45(03):29-35.
[14] 张凌,江志坚,黄小平.粤港澳大湾区大气、水环境及滨海湿地的保护研究[J].环境科学与管理,2022,47(11):160-165.
[15] 张腾,常军,马宇,等.山东渤海滨海湿地演变特征及其与人类活动相关性研究[J].世界地理研究,2022,31(02):329-337.
[16] 辛立勋.上海崇明生态岛湿地水体现状及修复提升措施研究[J].水利规划与

设计,2022(05):9-13.

[17] 宋秀敏,王瑞平,王立宇,等.鄂尔多斯遗鸥国家级自然保护区湿地鸟类群落结构及其对水环境的响应[J].野生动物学报,2022,43(02):428-435.

[18] 许佩瑶,杨丽伟,陈诗越,等.近40年来山东省南四湖水生植被演变及其驱动因素[J].地球与环境,2022,50(02):219-227.

[19] 赵博,张盼,于永海,等.渤海海洋生态修复现状、不足及建议[J].海洋环境科学,2021,40(06):975-980.

[20] 游清徽,王硕,孙晨松,等.基于大型底栖无脊椎动物的鄱阳湖湿地水质评价[J].应用与环境生物学报,2021,27(06):1570-1576.

[21] 李慧,雷沛,李珣,等.天津市北大港湿地沉积物氮磷分布特征及污染评价[J].环境科学学报,2021,41(10):4086-4096.

[22] 崔玉环,王杰,郝泷,等.长江中下游平原升金湖流域硝酸盐来源解析及其不确定性[J].湖泊科学,2021,33(02):474-482.

[23] 赵春宇,张凌,江志坚,等.大亚湾滨海湿地沉积物间隙水无机氮分布特征及其沉积物-水界面交换通量[J].海洋环境科学,2020,39(03):359-366.

[24] 李加林,童晨,黄日鹏,等.人类活动影响下的滨海湿地时空演化特征分析——以盐城、杭州湾南岸及象山港湿地为例[J].宁波大学学报(理工版),2020,33(01):1-9.

[25] 马寒星,李明嵘,金晶,等.向海湿地水体水质生长季动态变化研究[J].农业与技术,2020,40(21):104-106.

[26] 吴彬,李岳霖,赵青瑛,等.广西北部湾滨海湿地生态系统服务价值评价及其影响因素研究[J].生态经济,2020,36(09):151-157.

[27] 周道坤,刘晓伟,荣楠,等.湖北网湖自然保护区水质改善对策研究[J].环境科学与技术,2020,43(S2):255-261.

[28] 张燕,刘雪兰,伏春燕,等.黄河三角洲淡水恢复工程湿地水质监测及其评价研究[J].山东农业科学,2020,52(09):104-108.

[29] 杨玉楠,刘晶,Thiri Myat.海南东寨港红树林湿地污染监测与评价研究[J].海洋环境科学,2020,39(03):399-406.

[30] 侯思琰,徐宁,徐鹤.海河流域典型滨海湿地生境问题诊断[J].海河水利,2019(04):13-17.

[31] 陶平,邵秘华,汤立君.辽东湾近岸海域主要污染物环境容量及总量控制研究[M].北京:科学出版社,2019.

[32] 周文昌,史玉虎,潘磊.长江中游平原洪湖湿地水体污染现状及治理对策[J].

湿地科学与管理,2019,15(01):31-35.

[33] 宋庆洋,张志麒,米武娟,等.大九湖湿地水环境的时空动态[J].环境科学与技术,2019,42(S1):199-205.

[34] 安婷,朱庆平.青海湖"健康"评价及保护对策[J].华北水利水电大学学报(自然科学版),2018,39(05):66-72.

[35] 罗嗣卿,贾子书.改进内梅罗指数法在东方红湿地水质评价中的应用[J].黑龙江大学自然科学学报,2018,35(01):15-21.

[36] 曹志鹏,董维红,武显仓,等.基于影响因素分析的洪河湿地及周边农场退化评价[J].科学技术与工程,2017,17(28):299-306.

[37] 于宇,李学刚,袁华茂.九龙江口红树林湿地沉积物中有机碳和氮的分布特征及来源辨析[J].广西科学院学报,2017,33(02):75-81.

[38] 王磊,何冬梅,江浩,等.江苏滨海湿地生态系统服务功能价值评估[J].生态科学,2016,35(05):169-175.

[39] 王贺年,张曼胤,崔丽娟,等.吉林省莫莫格湿地生态系统健康评价研究[J].湿地科学与管理,2016,12(04):17-22.

[40] 张光贵,王丑明,田琪.三峡工程运行前后洞庭湖水质变化分析[J].湖泊科学,2016,28(04):734-742.

[41] 何小芳,吴法清,周巧红,等.武汉沉湖湿地水鸟群落特征及其与富营养化关系研究[J].长江流域资源与环境,2015,24(09):1499-1506.

[42] 蒋科毅,王斌,杨校生,等.浙江省滨海湿地生态效益评价[J].浙江林业,2014(S1):30-33.

[43] 雷莹.闽东湿地公园水质评价及其驱动力机制研究[J].化学工程与装备,2014(04):221-223.

[44] 吴敏兰,吴锦城,谢映勤,等.漳江口红树林湿地自然保护区非点源污染研究[J].集美大学学报(自然科学版),2013,18(02):102-108.

[45] 李艳芳.三江平原湿地生态环境状况研究[J].黑龙江环境通报,2012,36(02):19-21.

[46] 陈曦,苏芳莉,芦晓峰,等.基于模糊数学的双台河口湿地水质综合评价[J].节水灌溉,2011(05):45-48.

[47] 康文星,席宏正,袁正科.洞庭湖湿地净化污染物的研究[J].水土保持学报,2008,22(3):146-151.

[48] 岳彩英,赵卫东,李明娜,等.达赉湖水质状况及影响因素分析[J].内蒙古环境科学,2008(02):7-9.

[49] 汪豪,娄厦,刘曙光,等.湿地环境质量评价方法研究进展[J].水利水电科技进展,2020,40(06):85-94.

[50] 李玉凤,刘红玉,郝敬锋,等.湿地水环境健康评价方法及案例分析[J].环境科学,2012,33(02):346-351.

[51] 张远,林佳宁,王慧,等.中国地表水环境质量标准研究[J].环境科学研究,2020,33(11):2523-2528.

[52] 郑丙辉,刘琰.地表水环境质量标准修订的必要性及其框架设想[J].环境保护,2014,42(20):39-41.

[53] 魏云燕.中国与欧盟水环境排放标准体系的对比研究[J].中国科技信息,2012(11):34.

[54] 赵庆,查金苗,许宜平,等.中国水质标准之间的链接与差异性思考[J].环境污染与防治,2009,31(06):104-108.